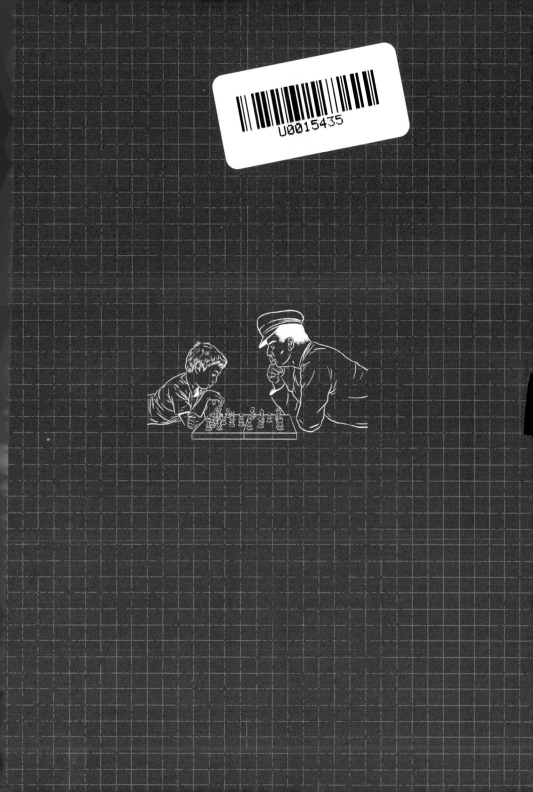

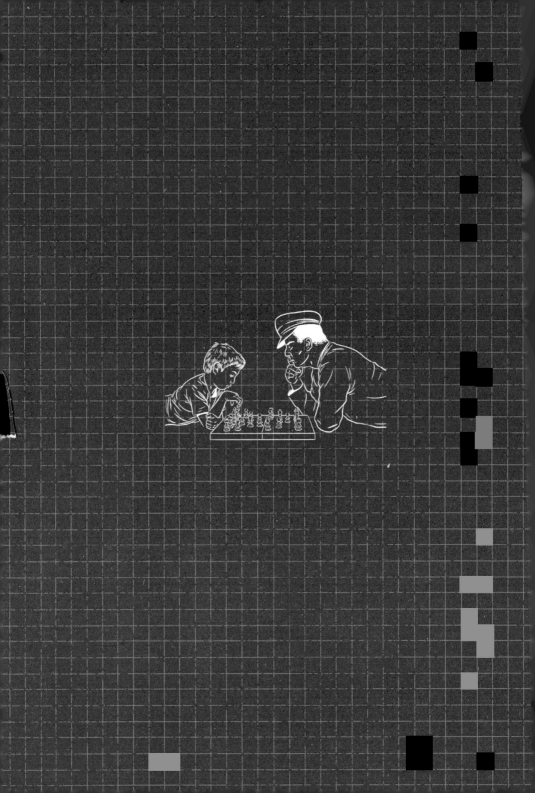

→ **常聽說但總是似懂非懂的領域──大話題**

賽局理論

INTRODUCING GAME THEORY:
A GRAPHIC GUIDE

艾文‧帕斯丁 Ivan Pastine
圖瓦娜‧帕斯丁 Tuvana Pastine ── 著

湯姆‧赫伯司通 Tom Humberstone ── 繪

葉家興 ── 譯

賽局理論是什麼？

賽局理論是一組分析工具，當個人的最佳行動方案取決於他人的行動或預期行動時，可以協助我們釐清情勢。透過賽局理論，我們得以瞭解人們在交互影響的情境下如何決策。

人際的連結出現在各種情境中。有時候因為**合作**，我們可以達成比單打獨鬥更高的成就。但另一些時候，當人們因他人的損失而獲益時，就會出現**衝突**。除此之外在許多情境中，雙方都在合作中獲益，但是也存在衝突的成分。

3

當人們的最佳行動受他人行為的影響時，賽局理論都可以用來分析狀況，因此在很多領域都被證明是有用的，例如：

*經濟學*中，競爭對手會選擇怎樣的產品、價格及廣告等等的預期，會影響廠商的決策。

在*政治學*中，對手的政策宣告會影響候選人的政見。

在*生物學*中，動物必須爭奪稀少的資源。但如果過於好戰惹錯對手，可能會受傷。

在*資訊科學*裡，連網的眾多電腦競爭有限的頻寬。

在*社會學*中，公眾受他人行為影響，公開表現出不順從的態度，而他人行為又受社會文化的影響。

只要有**策略性互動**，賽局理論便派上用場。何為策略性互動？你做得如何，不但取決於自己的選擇，也取決於他人的行動。在這種情況下，人們對他人行動的設想會影響自己的行為。

為什麼叫做「賽局理論」？

賽局理論是在研究策略性互動。策略性互動也是很多桌遊的關鍵元素，賽局理論因此得名。你的決策影響別人的行動，反之亦然。賽局理論的不少術語直接取自這類遊戲。我們把決策者稱為「**參與者**」（player）。參與者做決定後，就採取了**行動**（move）。

有時候我會忘記這不是在下棋。

6

運用模型

真實世界的策略性互動可能非常複雜。例如在人際互動中，不僅行動，包括我們的表情、聲調和肢體語言都會影響他人。在與他人往來時，人們展現不同的經歷與觀點。這樣無以計數的變化會使得情況異常複雜，也很難分析。

藉由稱為「**模型**」的簡化結構，我們可以大幅縮減複雜的程度。模型雖然簡單且容易分析，但仍然捕捉了真實世界問題的某些重要特徵。選用適當的簡單模型，可以有效幫助大家學習真實世界的複雜問題。

西洋棋可以幫助我們瞭解這些變化會讓參與（及預測）賽局變得多麼複雜。西洋棋的規則明確，雖然每一步棋的選項有限，但整體棋局的複雜度令人生畏。不過比起許多人類的基本互動，西洋棋其實簡單多了！

西洋棋中可行的步數有 10^{40} 之多，比地球上的所有沙子還多！

所以呢？我怎麼可能預測你的下一步，從而決定我怎麼下？

平手

像西洋棋之類的桌遊有個特性：玩家愈熟練，就容易產生平手的結局。我們如何解釋這種現象？

因為西洋棋太複雜，難以全面分析，以下我們用簡單的井字遊戲來說明一個重要特性。西洋棋和井字遊戲都有明確的勝負規則。玩家輪流落子，且可以下的地方有限。

井字遊戲無法表現西洋棋中的許多特性。但由於兩者有些共同特徵，因此井字遊戲可以幫助人們瞭解高手對陣為什麼容易產生和局。

小朋友會覺得井字遊戲很有趣。雖然不熟練的玩家對陣通常會有一方勝出,但練習幾次之後,你很快會學到「**逆向歸納法**」的推理:你可以推測對手對於你可能的行動會有何反應,並且將之納入自己行動前的考慮。

一旦玩家學會以逆向歸納法來推理,井字遊戲就很容易平局。以此,井字遊戲可以做為西洋棋的一個簡單模型。雖然西洋棋的可行步數多很多,但高手對弈也一樣通常會以和局作收。

處理複雜性：藝術與科學

賽局理論的首要關注並非西洋棋之類的桌遊，而是要增進我們對人際、對企業間、對國家間、對生物間……等互動行為的瞭解。原因是，真實的問題可能過於複雜且難以充分掌握。

因此，在賽局理論中我們創造了非常簡化的模型，稱之為「**賽局**」。創造有用的模型既是科學，也是藝術。好的模型夠簡單，讓人能充分瞭解驅動參與者的誘因。同時，模型必須能夠捕捉真實世界的重要元素，以富有開創性的洞察力與判斷力決定哪些元素最為相關。

> 沒有任何模型可以適用所有情況。模型有很多，每一個都著重現實中的策略性互動的不同面向。

理性

賽局理論通常會假設理性，也假設理性的共同知識。**理性**
表示參與者瞭解賽局的結構，並且具有推理能力。

理性的共同知識則是比較微妙的要求。不僅彼此都是理性
的，並且也需要知道對方是理性的。我還需要具備知識的
第二層次：我必須知道你知道我是理性的。甚至還需要知
識的第三層次：我必須知道你知道我知道你知道我是理性
的，依此類推到更深的層次。理性的共同知識要求我們能
夠無限延續這一連串的互知。

凱因斯的選美比賽

理性的共同知識這項要求可能會使讀者感到困惑,而且這樣的知識在現實中可能根本不成立,特別是牽涉多名參與者的賽局。一個經典的例子就是**凱因斯的選美比賽**。英國經濟學家**凱因斯**（1883-1946）把金融市場的投資比做報紙上的選美競爭。由讀者選擇「最漂亮的臉孔」,讀者若選中票數最多的臉孔,就獲勝了。

要選的不是自己心目中最美的臉,
甚至也不是大眾一般認定最美的臉。
我們絞盡腦汁猜測的,是大家猜測的平均結果。

約翰・梅納德・凱因斯

乍看之下，凱因斯的選美比賽與金融市場關係不大：選美沒有價格，也沒有買方和賣方。但兩者有個關鍵的共同點。在金融市場成功，取決於領先群眾一步。如果你能*預測一般投資者的行為*，就能大賺特賺。同樣地在選美比賽中，如果你能預測一般報紙讀者的選擇，就能贏得勝利。

塞勒的猜測賽局

1997 年美國行為經濟學家**塞勒**在《金融時報》設計了一場
「**猜測賽局**」的實驗，是凱因斯選美比賽的另一種版本。

猜數字！

讀者在 0 到 100 中間
任選一個數字，猜出最
接近所有人選的數字的
平均數的三分之二
的人獲勝。

你會選什麼數字？

塞勒的《金融時報》實驗一共收到了一千多個猜測數字。最多人選的數字是 33，其次是 22。也就是說多數人推理了一步，因此選了 33。也有人推想其他讀者會在這裡停住，他們嘗試多推理一步以超越對手，因此選了 22。

如果你相信其他人會在推理的第一步停下，那麼對你而言，理性的作法就是在第二步停下。

塞勒

然而，如果有理性的共同知識，你知道人們不會在推理的第一步停下，因此你可以持續**反覆推理**，也就是以每一步的結果作為下一步的起點，不停重複同樣的過程。

賽局理論專家以類似方式來解開「猜測賽局」，他們會使用**反覆消除劣勢策略法**。

記住你要尋找的是所有選取數字的平均數的三分之二。如果所有人都選 100（最大範圍的數字），平均數是 100。不管你預測平均數是多少，選一個比 100 的三分之二（也就是 67）大的數字並無意義。

換言之，選任何大於 67 的數字，會被選 67 這個數字的策略**壓制**。不管其他參與者如何做，比其他策略還要差的策略就是被壓制的劣勢策略。於是，就算沒有人是理性的，任何選大於 67 的策略都可以消除。

如果每一個人都是理性的，那麼大家都會推斷沒有人會選擇大於 67 的數字。於是，所有大於 45（大約是 67 的三分之二）的數字也會被消除。並且，由於每個參賽者都知道大家都知道每個人都是理性的，因此可以確定沒有人會選擇大於 45 的數字，於是他們也就不會選擇大於 30（大約是 45 的三分之二）的數字。

在猜測賽局中，反覆推理將導致數字愈來愈小，直到所有大於零的數字都被當成劣勢策略消除掉。因此，具有理性的共同知識的人會選擇零。

理性與理性的共同知識的問題

然而，零並不是《金融時報》實驗中的獲勝數字。最終的
平均數字是 19，因此選擇 13 的參與者成為最終贏家。

在本例中，理性與理性的共同知識假設並不成立。舉例來
說，很多參賽者選了 100 這個數字，當然這並不理性。就
算你預期大家都選了 100，你的最佳選擇也應該是 67。這
些人或者不瞭解賽局規則，或者瞭解但算不出 100 的三分
之二是多少。

理性的概念要求無窮盡的認知能力。完全理性的人知道所有數學問題的解答，並且不管問題多困難都能夠立刻計算。人類的行為大概比較適合以「**有限理性**」來模擬。也就是說，人類的理性受限於決策問題是否容易處理、我們心智的認知限制、有多少時間可思考決策，以及該決策對我們有多重要。

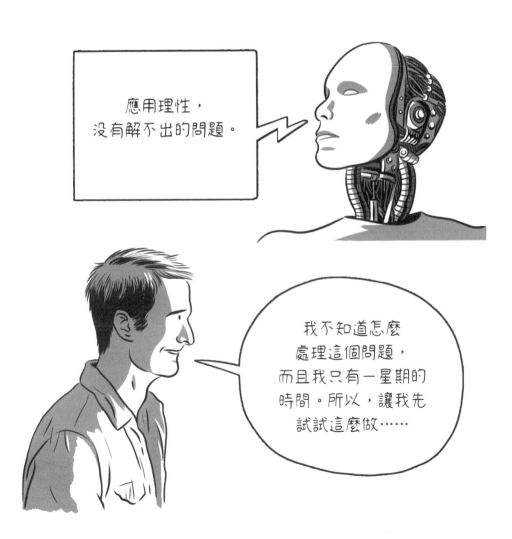

除了有限理性之外，在類似猜測賽局這種牽涉大量參與者的賽局中，很難想像理性的共同知識假設能夠成立。**就算所有人都是理性的**，如果你認為其他人不知道你是理性的，你就不會選擇零這個數字。因此你會選擇一個大於零的數字。

他們知道我知道他們知道其他人都是理性的嗎？

他們如果不知道，就會選擇大於零的數字。所以，你最好也挑大於零的數字。

飆漲與崩盤：在金融市場應用理性

猜測賽局和凱因斯選美比賽可以用來解釋金融市場的**泡沫**（過度飆升的股價），原因就是雖然所有人都是理性的，但欠缺理性的共同知識。

同步賽局

參與者在決策時常常不知道其他參與者的行動，具有這種特徵的賽局稱為**同步賽局**。在某些例子中，參與者如字面所示，同步做出決定。其他情況下，參與者的決策時間可能不同，但由於決策時彼此不知道其他人的行動，我們也可以視為同步。

試看以下的例子：兔子影視剛殺青一部很棒的超級英雄聖誕電影，可以選擇十月或十二月上映。

兔子影視的競爭對手鼬鼠影城剛完成一部大製作的爛片，男女主演看起來完全不能忍受對方，劇中的表現很拙劣。鼬鼠影城同樣也可以選擇在十月或十二月推出這部片。

多數人會在十二月看電影，因此對兩家電影公司來說在十二月檔期推出是上策。但兩部電影針對相同族群，如果同時上映，勢必會搶走對方的觀眾。

兩部電影的票房收入不僅取決於自己的上映日期，也受對方上映日期的影響。因此，兩家公司面對**策略性互動**，雙方收益受彼此選擇的左右。

賽局的策略型式

我們可以把參與者的可能*行動*（十月或十二月上檔）和*報酬*（營收）列為矩陣，稱為賽局的**策略型式**，或者也稱為**支付矩陣**。

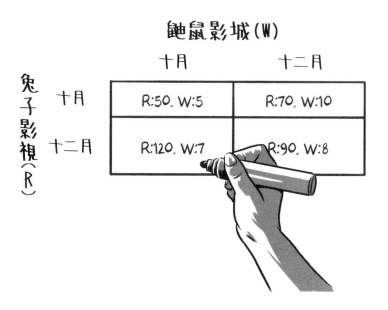

橫列代表兔子影視的一個可能選擇（十月或十二月），直欄代表鼬鼠影城的一個可能選擇。在行及列的相交處我們填入兩個參與者的報酬。在本例中就是雙方上映的收入。

這個矩陣代表賽局的所有可能結果，列出了不同結果下雙方的報酬。兩家公司都清楚這個支付矩陣，也都了解各自面對相同的矩陣。

報酬

報酬數字代表什麼，取決於所要分析的問題。在電影上檔
的例子裡，報酬數字指不同情況下預計的電影票房收入（百
萬英鎊）。

在其他例子裡，報酬數字有另外的解釋。在生物學中，通
常代表「適存度」，也就是物種存活與繁殖的能力。在經
濟學和社會學的很多例子中，報酬數字代表參與者相對的
「快樂程度」或「效用水平」。

也許為「適存度」、「快樂程度」訂出數值看起來很奇怪，不過真正影響參與者決定的不是數字本身，而是數字的相對關係。

在兩家電影公司的策略性互動中，對個別結果的偏好是分析的重點。我們只需要知道對每個參與者而言哪些結果較好，哪些較差。數字只是反映偏好的簡便方法。

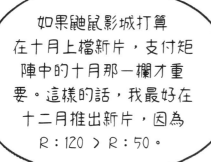

> 如果鼬鼠影城打算在十月上檔新片，支付矩陣中的十月那一欄才重要。這樣的話，我最好在十二月推出新片，因為 R：120 > R：50。

鼬鼠影城（W）

兔子影視（R）		十月	十二月
	十月	R:50, W:5	R:70, W:10
	十二月	R:120, W:7	R:90, W:8

當然，有些時候人們除了關心自己的報酬外，也會關心別人的報酬。例如，家人和朋友可能希望彼此都快樂。離婚配偶和商業對手可能希望打擊對方。

只要在寫下支付矩陣裡的報酬時，包含*所有*的意圖（幫助或打擊對方），就能輕鬆運用賽局理論分析這些情況。因此矩陣中的數字代表參與者從各個結果所得到的*總報酬*：包含自己得到的*直接*利益，以及從幫助或打擊他人所得到的*間接*利益。報酬數字包含參與者在乎的所有事項。

一旦以策略型式表達賽局，每個參與者只會關注如何提高報酬。

納許均衡

寫下了賽局的策略型式，我們就正式界定了賽局，現在可以來看看可能發生的結果。

賽局理論的一個基本概念是**納許均衡**，以美國數學家**納許**（1928-2015）來命名。這個概念由來已久，並非由納許發明，但他將此概念應用於一般賽局的數學分析，不像前人僅用於說明特定賽局。

我們應該預期人們都會考慮其他參與者的作為，再做出最佳決策。

納許

納許均衡這個想法簡單卻又十分有用。在均衡時，各個理性的參與者都會針對其他人的選擇做出**最佳回應**。也就是說，根據他人的作為選擇最佳的行動。

兔子影視的最佳回應

- 如果鼬鼠在十月上映，兔子的最佳回應是選擇十二月檔期，因為 R：120 ＞ R：50。在 R：120 下畫條底線。
- 如果鼬鼠在十二月上映，兔子的最佳回應是選擇十二月檔期，因為 R：90 ＞ R：70。在 R：90 下畫條底線。

鼬鼠影城的最佳回應

- 如果兔子在十月上映，鼬鼠的最佳回應是選擇十二月檔期，因為 W：10 ＞ W：5。在 W：10 下畫條底線。
- 如果兔子在十二月上映，鼬鼠的最佳回應是選擇十二月檔期，因為 W：8 ＞ W：7。在 W：8 下畫條底線。

在均衡時，兩家公司都選在十二月上映。這是兩家公司針對彼此都有最佳回應的唯一結果。如果某家公司選擇在十二月推出新電影，另一家公司最好也在十二月上檔。

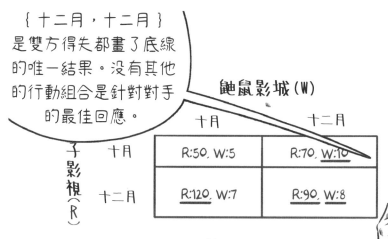

{十二月，十二月}是雙方得失都畫了底線的唯一結果。沒有其他的行動組合是針對對手的最佳回應。

鼬鼠影城（W）

		十月	十二月
兔子影視（R）	十月	R:50, W:5	R:70, W:10
	十二月	R:120, W:7	R:90, W:8

納許均衡的一個特徵是雙方都**不會後悔**。若不選擇十二月上檔，不管誰都不會得到更好的收益。納許均衡也是**理性預期**的均衡。在均衡時，兔子影視預期鼬鼠影城的新電影會在十二月上檔，自己也選擇十二月。而事實也真如此，鼬鼠影城確實選擇在十二月上檔。因此，預期是正確的。

囚徒困境

最廣為人知的賽局理論悖論是囚徒困境,這個賽局由加拿大數學家**塔克**所命名。塔克教授的囚徒困境賽局就像是好萊塢的犯罪劇情片,有人提供認罪協商給兩名嫌疑犯去供出對方。這個賽局說明了為共同利益而採取聯合行動十分困難,因為人們往往追求私利。

囚徒困境賽局中的誘因屢見不鮮,很適合拿來分析許多領域的問題。從經濟學中公司的競爭,到社會學中的社會規範,到心理學中的決策,到生物學中動物競爭稀缺資源,再到資訊工程中電腦系統競爭頻寬。

阿倫和阿班因為合夥偷車而被捕。警方懷疑他們還涉嫌一起肇事逃逸案件,但沒有足夠的證據起訴他們。兩人被帶到不同的房間分開偵訊。

阿倫和阿班都有兩個可能的行動:保持沉默或認罪。因此,賽局中總共有四種結果。

阿倫沉默,阿班沉默。
阿倫認罪,阿班沉默。
阿倫沉默,阿班認罪。
阿倫認罪,阿班認罪。

決定之所以難下,是因為刑期不僅取決於自己認罪與否,也取決於別人認罪與否。

塔克

我們可以用策略型式表達這個囚徒困境。支付矩陣中，列代表阿倫的可能行動，欄代表阿班的可能行動。我們在行與列的相交處填入每位參與者的報酬，在本例中也就是他們各自的刑期。

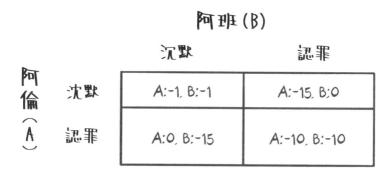

阿班（B）

		沉默	認罪
阿倫（A）	沉默	A:-1, B:-1	A:-15, B:0
	認罪	A:0, B:-15	A:-10, B:-10

如果兩人都沉默，兩人都將因偷車而服刑一年。這當然不好，所以報酬是負值（阿倫：-1，阿班：-1）。如果兩人都認罪，兩人都要服刑十年（阿倫：-10，阿班：-10）。

為了讓他們承認肇事逃逸，警方提供了認罪協商。如果只有一人認罪並願意指證對方，他就可以保釋，而不認罪的一方就要服刑十五年。

囚徒都知道這個支付矩陣，也都知道彼此面對相同的矩陣。

這是一個同步賽局：即使並非字面意義上的同步，但由於兩人身處不同的偵訊室，做決定時也不知道對方的選擇，因此可以視為同步。

請注意，以策略型式表現賽局，並不意味著我們指出了可能會發生什麼事。我們只是列出所有可能結果，無論合理與否，並且把每個結果中參與者的報酬記下來。

現在，寫下囚徒困境賽局的策略型式後，我們可以嘗試分析可能發生的結果。

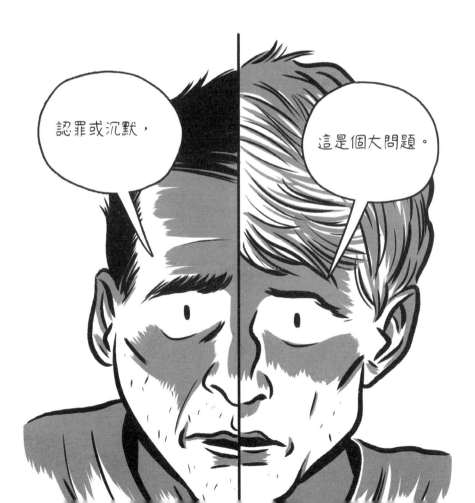

很明顯，如果阿倫和阿班可以共同做決定，兩人會選擇一起沉默，只需要坐牢一年。

但這並非均衡的結果。對阿倫來說，「認罪」的策略**絕對優於**「沉默」：不管他預期阿班會怎麼做，他的最佳回應都是認罪。

如果阿班認罪，
我認罪當然比較好。因為
坐牢十年要比十五年好。
如果阿班沉默，
我還是認罪比較好。因為
回家要比坐牢一年好。

同樣地，不管阿班預期阿倫會怎麼做，阿班的最佳回應都是認罪。

在囚徒困境中，納許均衡是兩名參與者都認罪。這個結果的標準寫法是：

｛認罪，認罪｝

前者是橫列參與者（阿倫）的行動選擇，後者是直欄參與者（阿班）的行動選擇。在均衡中，雙方都要坐牢十年。

柏雷多效率

一個有趣的問題是，囚徒困境賽局中的納許均衡是否為**柏雷多效率**？這個資源分配效率的概念是以義大利經濟學家**柏雷多**（1848-1923）來命名。如果再也沒有其他可能的結果可以使至少一人變得更好，但沒有任何人變糟，這樣的結果就是柏雷多效率。

如果某個結果不是柏雷多效率，就表示有些人可以在不損及其他人的前提下，使自己情況變好。

柏雷多

囚徒困境賽局中的納許均衡並非柏雷多效率，因為如果兩人都沉默，每個囚徒都可以變得更好。這也就是「囚徒困境」名稱的由來。

不過，在多數的賽局中，納許均衡就是柏雷多效率。例如在前面電影檔期的賽局中，沒有其他的結果能使雙方以不損及對方的方式獲得更高利益。

網路工程

囚徒困境賽局中所舉出的誘因,在很多情境中也都有。的確,一旦人們開始透過賽局理論來看世界,就會發現囚徒困境處處可見。

例如,在無線網路路由器的世界裡,只要 Wi-Fi 路由器或手機基地台使用相同頻率且位置相近,就不免干擾彼此的訊號傳輸,降低雙方路由器的速度。

一個解決之道是降低雙方路由器的傳輸功率,這樣彼此的傳輸範圍就不互相干擾。然而,如果只有一個路由器使用低功率,它的信號就容易被高功率的路由器蓋過。

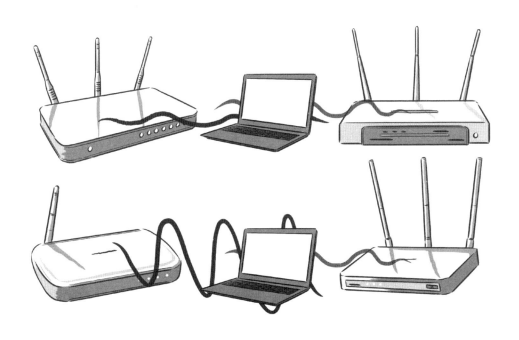

網路數據路由器的問題可以表達成以下的支付矩陣。

<table>
<tr><td colspan="2" rowspan="2"></td><td colspan="2">路由器（B）</td></tr>
<tr><td>高功率</td><td>低功率</td></tr>
<tr><td rowspan="2">路由器（A）</td><td>高功率</td><td>A:5, B:5</td><td>A:15, B:2</td></tr>
<tr><td>低功率</td><td>A:2, B:15</td><td>A:10, B:10</td></tr>
</table>

每個路由器的工程師要決定以高或低功率傳輸，而支付矩陣的數字代表每秒的數據傳送速度（Mbps，每秒百萬位元）。在這個賽局中，高功率傳輸給自己帶來優勢，代價則由競爭的路由器承受，就像囚徒困境中的認罪一樣。

不管對手的選擇為何，各個路由器的速度都是在高功率傳輸下最快，因此「高功率」是優勢策略。在納許均衡下，雙方都採取高功率策略，得到的結果是大家的傳輸速率都是 5Mbps。就像囚徒困境中，兩名犯人都認罪，而必須承受更長的牢獄之災。

速度好慢！

如果兩個路由器都以「低功率」運作，雙方的傳輸速率都可以達到 10Mbps。然而，如果獨自設定功率，沒有一個路由器會選低功率，因為加強功率後的結果更佳。

如果兩個路由器隸屬同一網路系統，就有可能強迫兩者採用低功率模式，以減少對彼此的干擾。大多數路由器有「高階」設定，也就是強迫路由器與其他路由器合作，而不是激進地競爭資源。高階設定可以幫助網路管理員介入解決囚徒困境的難題。

公有地的悲劇

網路路由器的問題類似**公有地的悲劇**。這個概念最早由英國經濟學家**洛伊**（1794-1852）所提出，時間遠早於囚徒困境。在一篇提到過度放牧牛群的論文中，洛伊認為牧人可能會追求自利，違背整體的最佳利益，最終可能使草原資源完全枯竭。

在經濟學文獻中，「公有地」一詞逐漸用來代表所有共享資源的情境。因此，在網路路由器問題中，無線頻寬就是路由器競爭的公有地。雖然在此例中，資源過度使用不像過度放牧一樣，會導致自然資源耗竭，但個別參與者也有過度使用資源的誘因，而且是以傷害整體為代價，因此兩者其實類似。

核武競賽

1950 年，**德雷希爾**（1911-92）和**弗勒德**（1908-91）在一項美國空軍的研究計畫中，最早提出了囚徒困境賽局的概念。當時的目標，是要讓我們更瞭解全球核子戰略。

在兩人最早提出的囚徒困境設計中，兩名參與者分別是美國和蘇聯。（但在 1980 年代冷戰的高峰，參與者的數目大幅增加。）每個國家要決定是否增加核武數量。如果不增加，不但節省成本，也降低隱含的意外風險。但各國都有增加核武以提高地緣政治實力的誘因。不管他國如何選擇，各國都有投資核武的自利動機。於是，冷戰賽局的納許均衡，就是全球核武競賽。

核子戰爭不可能打贏，也決不能打。
我們兩國擁有核武的唯一價值，
就是確保決不會有人使用核武。
既然如此，完全廢除核武
不是更好嗎？

美國總統雷根
1984 年國情咨文演說

沒有核武的世界可能是個夢想，但我們無法在夢想中建立堅實的國防。

英國首相柴契爾夫人，1987 年

冷戰中的納許均衡不是柏雷多效率，因為美蘇若都不從事核武競賽，雙方都會變得更好。然而，如同德雷希爾和弗勒德所言，那不會是個均衡。如果美國放棄核武，蘇聯還是會投資核武以取得超級大國的地位。因此，美國一開始就放棄核武，不會是理性的選擇。

合作

在囚徒困境中，雖然**合作行為**對彼此有利，個人的誘因卻會助長衝突。在網路工程例子中，問題得以解決是因為一個人控制了兩個路由器。但在人類互動中，達成合作的結果要困難得多。

社會心理學研究衝突與合作，以瞭解社會群體如何影響個人行為。試看以下這一種囚徒困境：室友賽局。這個例子可以凸顯賽局理論的廣泛應用，並且提供了一個思考架構，以瞭解社會規範如何解決引發過度衝突的個人誘因。

愛麗斯和貝絲合租一間公寓。她們都喜歡乾淨的廚房，但誰也不想要洗碗。兩人都可以選擇洗或不洗。她們正處在策略性互動的情境中，因為兩人的報酬（快樂）都受到對方行動的影響。

如果沒人洗碗，雙方各自的報酬是 10（A：10，B：10）。支付矩陣的這些「快樂」數字，只是用來呈現女孩偏好哪一種結果。如果只有貝絲洗碗，愛麗斯的快樂增加到 20，但貝絲減少到 8（A：20，B：8）。如果只有愛麗斯洗碗，報酬結果正好相反（A：8，B：20）。如果兩人一起做，工作的負擔減少一半，雙方的報酬為 14。在室友賽局中，愛麗斯和貝絲都清楚知道不同結果對彼此的影響。

貝絲（B）

愛麗斯（A）		不洗	洗碗
	不洗	A: 10, B: 10	A: 20, B: 8
	洗碗	A: 8, B: 20	A: 14, B: 14

賽局中的納許均衡是 {不洗，不洗}，因為如果兩人都預期對方不洗，自己的最佳回應也是不洗。

如果
我的室友洗碗，
那就太好了！

48

室友賽局中有「**搭便車**」的問題。愛麗斯的報酬何時最高？
對方洗碗而自己樂得輕鬆時。貝絲同樣也如此。

因此，在均衡時女孩的廚房髒亂不堪，各自得到的快樂數
字為 10。如果兩人合作，就可以產生更高的報酬數字 14，
然而合作維持乾淨的廚房並非均衡的結果。在人們期待對
方單獨付出時，搭便車的誘因就出現了。

教育

解決搭便車問題的方法之一，就是改變支付矩陣裡的報酬數字。童年所受的教養及學校的教育，可以讓人們在選擇不合作的行為時（例如眼看碗盤堆積如山），產生道德成本。

看到髒碗盤在洗碗槽堆積如山，我有深深的罪惡感。

道德成本一開始可能對女孩沒好處，畢竟誰喜歡有罪惡感？但在社會互動中，道德成本可以促進雙方合作，因此改變均衡結果。如果雙方的道德感發揮作用，就可以達成以前達不到的合作好處。

現在假設偷懶不作自己的那份會添加道德成本。如果不洗碗，雙方都會有罪惡感，快樂數字減少 7。那麼現在的納許均衡會變成 {洗碗，洗碗} ，雙方各自報酬為 14。

因為參與者選擇合作，在均衡時雙方就不必承擔道德成本。這就形成**柏雷多改善**：道德價值使參與者在均衡裡的報酬由 10 上升到 14。

環境政策與合作

環保領域的國際合作，就像大型版本的室友賽局。各國都想要坐享其成，讓別國努力採用成本高昂的科技來減少碳排放。避免這種搭便車問題的方法之一是簽署國際條約，規定國家若超過先前協議的碳排放量，就必須繳付罰金。然而，要許多排放大國（包括中國、印度和美國）批准這類國際條約是相當困難的。

抑制碳排放對大家都好，為何國際間卻難以訂定協議？

雖然合作對大家有利，美國最偏好的卻是大家都簽署國際條約、約定罰款政策，而自己不受約束。搭便車，永遠輕鬆愉快。

看待環保運動的一個角度，就是視之為一項改變社會規範的努力。不支持環境友善政策的政客可能會感受到政治壓力帶來的成本。如此一來，政策制定者的報酬數字就會隨之改變，就像室友賽局裡罪惡感的道德成本一樣。政治壓力若能創造出各國合作的均衡，就有潛力促成更好的結果。

多重均衡

目前為止我們討論的都是具有單一納許均衡的賽局。因此，納許均衡給出了參與者行為的唯一預測。然而，人們經常會發現自己身處的情境有多個納許均衡。在這些情況裡，僅憑納許均衡的概念並不足以預測結果。

若有多個均衡，參與者最終會如何選擇？

為了追尋答案，2005 年諾貝爾獎得主、美國經濟學家暨外交政策專家**謝林**（1921-2016）重新界定經濟學的視野及其在社會科學中的地位。

多重均衡：性別較量

經典的性別較量賽局讓我們可以清楚瞭解多重均衡賽局中的誘因。雖然這個賽局可能看起來平平無奇，甚至帶有過時的刻板印象，但對於幫助我們瞭解這類經常出現在許多場合的誘因模式，仍相當有用。

早餐時，艾米和鮑伯這對夫妻決定共度夜晚時光，不過他們約會時想做的事情不同。他們說好白天時通電話後再敲定去哪裡。

鮑伯（B）

		足球賽	舞蹈課
艾米（A）	足球賽	A: 5, B: 10	A: 0, B: 0
	舞蹈課	A: 0, B: 0	A: 10, B: 5

支付矩陣中列出「快樂」的報酬，數字只是用來表示每個賽局參與者偏好的結果。例如，如果兩人去看足球，艾米得到的報酬是 5（A：5），但如果兩人一起去跳舞，艾米得到的報酬是 10（A：10）。數字只是用來說明相對偏好，確切的值並不重要。以艾米來說，數字清楚透露了她想要一起跳舞，而不是一起看足球，因為 10 ＞ 5。

雖然艾米與鮑伯對於晚上的活動各有所愛，他們無疑喜歡共度良宵。因此，晚上各做各的活動，是最糟糕的選擇。這樣一來，他們各自的報酬都是 0。

我喜歡足球，但我最想和艾米在一起。

誰知道，白天時電信服務突然故障。在不知對方選擇的情況下，艾米和鮑伯只能各別做出選擇。因此，這也是個同步賽局。

兩人一起去看足球賽，是個納許均衡。

然而，兩人一起去跳舞，也是個納許均衡。

在性別較量賽局中有兩個納許均衡：一起去舞蹈課和一起去看足球。

但最終艾米和鮑伯會去做什麼？

賽局中，兩人可能因預期失準而出現**協調失敗**。此時，賽局理論會觀察到「非均衡」結果：夫妻選擇不同的夜晚活動，使得兩個納許均衡的結果都沒有發生。

在這種有多重均衡的賽局中，要避免出現協調失敗的結果，有幾種可能的辦法……

社會規範

在有多重均衡的領域，參與者可以用社會規範協調彼此的預期。例如，在交往時如果通常都按鮑伯的主意行事，遇到多重均衡時，艾米和鮑伯兩人會預設鮑伯偏好的均衡將勝出。如此一來，不僅鮑伯可以快樂地和艾米一起看足球，艾米也會開心，因為她不必獨自一人度過夜晚。

雖然性別較量賽局沒有明確提出在哪些條件下社會演化成了**父權社會**（以男性優勢為中心架構的社會），但讓我們更深入了解由特定性別主導決定的潛在好處。將社會推向到更公平的系統時之所以困難重重，或許這就是原因之一。

如果賽局有多重均衡，賽局的環境或歷史可能會使參與者的預期聚焦在特定的均衡上，而人們會理性的選擇這個均衡。
焦點效應表示文化與歷史會影響我們的理性行為。

協調機制

在多重均衡的賽局中，如果沒有社會規範，參與者可能使用**協調機制**（如相同的觀察、共同的歷史）把各方預期調整至同一種均衡。

例如，舞蹈工作室可能在艾米和鮑伯常聽的廣播頻道中密集廣告。工作室如果預期廣告可以幫助消費者協調預期，購買廣告就是理性的。艾米和鮑伯可以推論工作室打廣告是因為聽眾會藉此來協調預期。於是在無法直接溝通的情況下，他們可能以白天聽到的廣告，將彼此的預期調整為去舞蹈課的均衡。

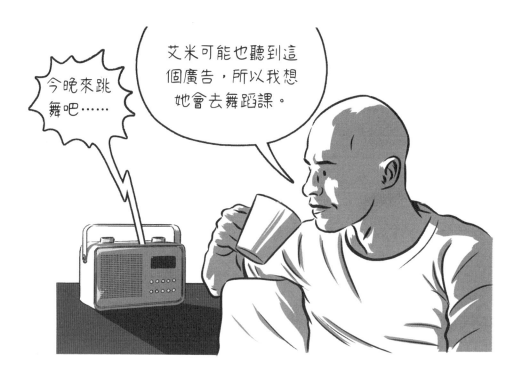

銀行與預期：擠兌

銀行業賺錢的方式，是把存款戶的錢貸放給企業或消費者，從中賺取利息。這對銀行來說挺好，同時也讓消費者得以買房、企業得以投資。但這也表示所有的存款人不能同時提款，因為多數的錢已經貸放出去，並不在銀行裡。

因此，不管一家銀行的財務狀況多健全，一旦出現**擠兌**（所有人在同時提款），都會破產。

就像在性別較量賽局一樣，銀行業賽局也有多個納許均衡。我們可以觀察到一切照常，或發生擠兌，取決於人們的預期。

如果存款人預期其他人不會領走自己的錢，他們就會等存款到期時再領走本金和利息。然而，還有第二個納許均衡：如果存款人預期大家都會預先提款，就會全衝到銀行領錢，以免行員關閉提款窗口。

相信會發生擠兌是一種「**自我實現的預期**」：預期的本身會導致擠兌。

中央銀行的主要職責之一，就是減少自我實現的
擠兌預期發生的機率。
在多數已開發國家中，央行扮演「最後貸款者」的角色，
隨時準備好借錢給出現預期型擠兌的銀行度過難關。
除此之外，即使銀行真的出現問題，存款保險的機制也
確保小額存款人可以領回自己的錢。
因此，就算預期其他人會提領存款，民眾也不需要
衝到銀行去領錢。

金恩是 2003-2013 年的英國央行行長。在其任內，
北岩銀行成為 150 年來英國第一家出現擠兌的銀行。

然而，即使有「最後貸款者」與存款保險，也無法完全避
免銀行擠兌。存款人可以合理地假定銀行破產後要拖一段
時間才能拿到存款保險賠付。

因為銀行業賽局中總是有多重均衡，人們對未來的預期決定了結果。連銀行或政策制訂者的正面聲明或行動，都可能被視為出事的跡象，而產生適得其反的效果。

混合策略的納許均衡

截至目前，我們看到的都是有**單純策略納許均衡**的賽局。在這種均衡裡，參與者會做出一個明確的選擇。但是，並非所有賽局都有這樣的均衡。記得小時候玩的「剪刀石頭布」？布贏石頭，石頭贏剪刀，剪刀贏布。這是**零和賽局**，如果一個參與者贏了，對手就是輸了。

這個遊戲之所以吸引孩子，是因為結果*不可預測*。對賽局理論而言，這個遊戲有趣的地方是它不存在「參與者行為可以預測」的均衡。如果參與者出的拳是可預測的，對手就會趁機得利。因此，參與者要努力讓自己的行為無法預測，這個賽局也就因此不存在單純策略納許均衡。

雖然「剪刀石頭布」沒有單純策略納許均衡，卻有「**混合策略納許均衡**」。在均衡時，參與者會隨機採用可能的單純策略：「剪刀」、「石頭」和「布」。

不過，並非所有的隨機玩法都是混合策略納許均衡。光是隨機還不夠，參與者的混合策略必須是對彼此的最佳回應，方能形成納許均衡。

讓我們看看**不能**成為納許均衡的一個例子。

假設傑克的策略是 10% 的機率出「剪刀」、80% 出「石頭」，另外 10% 出「布」。

蘇珊應對傑克的最佳策略是永遠出「布」。這樣她有 80% 的機率獲勝，也就是傑克出「石頭」的機率。

傑克與蘇珊的策略並非納許均衡：參與者的策略並非針對對方的最佳反應。照蘇珊的策略，傑克的最佳策略應該是永遠出「剪刀」，而非他說的隨機策略。

「剪刀石頭布」只有一個均衡：每個參與者選擇混合策略，以相同機率去選剪刀、石頭、布這三個可能的選擇。

傑克以相同機率來隨機出拳，表示蘇珊在三個選擇中沒有偏好哪一個。如果出剪刀，她獲勝、落敗、平手的機率各為三分之一。但剪刀以外的其他選擇，也會得到同樣結果。

同樣的推理也適用於傑克。只要蘇珊以同樣機率隨機出拳，傑克在三個選擇中不管選哪一個，預期報酬都一樣，因此他願意採用這種隨機的混合策略。

貨幣投機賽局

混合策略納許均衡可以應用到很多領域，也可以呈現參與者不可預測時賽局中的*驚奇*。例如，它能讓我們更瞭解投機狙擊，因為這種攻擊通常**突然**且**難測**。

在黑色星期三（1992 年 9 月 16 日）突然的「**投機狙擊**」中，投機者預期英鎊*貶值*而大量賣出。當時，英國央行維持英鎊與其他歐盟貨幣的固定匯率。就在當天，英國央行買入了四十億英鎊以防止英鎊貶值。

然而，由於無法承受市場力量，隔天英國央行便放手讓英鎊貶值超過一成。前一天賣出英鎊買入德國馬克的投資者獲得了可觀利潤，央行則承擔巨額損失。其中一位投機者，匈牙利出生的美國投資人**索羅斯**（1930 年生）從此被視為「打敗英國央行的人」。

如何理解黑色星期三？為何英國央行不在攻擊的前一天讓英鎊貶值，以避免鉅額損失？

對投資者來說，最佳策略是讓發動投機狙擊的時機不可預測。如果可以事先預測這次攻擊，中央銀行就能在前一日先發制人讓英鎊貶值，投機者便無法從貶值中獲利。

金融市場一般來説
是不可預測的……
你認為可以預測市場走向，
這個想法與我看待市場的
觀點互相矛盾。

索羅斯

在貨幣投機賽局中，不存在單純策略納許均衡。如同「剪刀石頭布」賽局一樣，唯一的均衡是混合策略。投機者採取隨機的攻擊時間，使央行無法準確預測日期。這解釋了英國央行為何無法針對黑色星期三的攻擊採取先發制人的措施。

膽小鬼賽局

當賽局沒有單純策略納許均衡時，混合策略納許均衡是個直覺上很有吸引力的概念，因為參與者選擇保持深不可測。如果賽局中有多個單純策略納許均衡，而參與者偏好不同的均衡結果，混合策略納許均衡也特別有趣。

膽小鬼賽局就是個經典的例子：兩名青少年面對面開車比膽量，看看誰可以堅持更久。單純策略納許均衡是一方持續往前開，而另一方中途轉向。毫無疑問，兩位青少年都偏好這個均衡：自己是「勇者」，對方是「膽小鬼」。

膽小鬼賽局很駭人，因為如果雙方都不轉向，就有可能車毀人亡。當然，如果只看單純策略納許均衡，撞成一團不是個可能的均衡結果。如果一方採取奮不顧身的策略，另一方最好的策略很明顯是及早轉向，避開碰撞。

要呈現膽小鬼賽局驚恐的一面，我們必須考慮混合策略均衡，其間兩位參與者隨機選擇加速或轉向。在混合策略納許均衡裡，當面對撞就是其中一個可能的均衡結果。

退出賽局

膽小鬼賽局在經濟學的一種應用是退出賽局。這個賽局清楚說明了如何計算混合策略納許均衡中的均衡機率。

小小鎮有兩家超市：K 超市和 C 超市。近來鎮上人口銳減，已經無法讓兩家超市同時賺錢。如果只開一家超市，則生意還是有利可圖。因此，兩家店都希望對手退出，自己就可以獨占小小鎮的生意。

支付矩陣裡列出了各種可能行動下的獲利與虧損。如果兩家超市都堅持營運，兩家都有損失：{K：-20，C：-50}。這組虛構的數字代表更實際的金額，例如負兩萬英鎊，負五萬英鎊。如果兩家都退出，雙方則是零獲利。

如果 K 超市堅持，而 C 超市退出，前者的獲利是 K：80，而後者則是 C：0。反之，如果 C 超市堅持且搶下獨占地位，則獲利 C：100，而 K 超市則是 K：0。

兩家店都希望成為唯一留下的超市,因此可能不斷奮鬥以獲得自己偏好的結果。混合策略納許均衡展現了這種奮鬥的精神。沒有一家超市願意就這樣放棄,就像沒有青少年想成為膽小鬼。如同膽小鬼賽局中兩位青少年有一定的機會成為勇者,在退出賽局中,兩家超市都有可能留下,但機率不是百分之百。

在剪刀石頭布賽局中,參與者的策略是以三分之一的機率出剪刀、石頭或布。在這個超市的退出賽局中,C 超市留下的均衡機率是多少?K 超市又是多少?

在求解混合策略納許均衡的機率時，關鍵在於廠商之所以會*隨機選擇*「留下」或「退出」，是因為兩種行動*無分軒輊*。而兩者不相上下是因為「留下」和「退出」的預期利潤相同。

如果採取某策略的預期利潤較高，商家便會偏好該策略並據以行動，毫不猶豫。反過來說，在均衡時商家會採取隨機策略因而導致*不確定*，是因為任一行動策略的預期利潤都相同，對商家而言兩者沒有高下之分。

如果 C 超市退出，預期利潤為 0，不管 K 超市採取什麼行動。

若「退出」，預期利潤 = 0

另一方面，如果 C 超市留下，預期利潤取決於 K 超市選擇留下的機率。下面以 p 代表該機率。如果 p = 0，K 超市絕對不會留下。如果 p = 1/2，K 超市選擇留下的機率是 50%。如果 p = 1，K 超市百分之百會選擇留下。同理，（1 - p）就是 K 超市退出的機率。

如果 C 超市選擇留下，而 K 超市有 p 的機率留下，此時 C 超市會出現損失：-50。但 K 超市也有（1 - p）的機率退出，此時 C 超市會出現獲利：100。所以對 C 超市來說，

若「留下」，預期利潤 = -50 (p) + 100 (1 - p)

對手留下的機率　　　　對手退出的機率
乘以可獲得利潤　　　　乘以可獲得利潤

如果留下或退出的預期利潤相同，對 C 超市而言，如何行動毫無區別。

「退出」的預期利潤 = 「留下」的預期利潤
$$0 = -50 (p) + 100 (1 - p)$$

解出以上方程式，求得 p = 2/3，也就是 K 超市留下的均衡機率。

如果 K 超市留下的機率是 2/3，退出的機率是 1/3，這樣的話，對我而言去或留完全無所謂。

以同樣步驟計算對 K 超市而言不論去留預期利潤都相同的情形，可以求出 C 超市留下的均衡機率是 4/5。

考慮 K 超市留下，對手有 4/5 的機率留下，此時自己的損失是 -20。但對手也有 1/5 的機率退出，此時自己的獲利是 80。在均衡時，對 K 超市而言，退出預期利潤（0）將等於留下的預期利潤。

$$0 = -20 \,(4/5) + 80 \,(1/5)$$

K 超市退出的
預期利潤

K 超市留下的預期利潤

因為在均衡時，K 超市以 2/3 的機率留下，C 超市以 4/5 的機率留下，我們可以計算每個不同結果發生的機率。

兩超市都退出的機率是 1/15，也就是 K 超市退出的機率乘以 C 超市退出的機率：$(1/3) \times (1/5) = 1/15$。

兩超市都持續經營的機率是 8/15，也就是 K 超市留下的機率乘以 C 超市留下的機率：$(2/3) \times (4/5) = 8/15$，此時兩家廠商都虧損。這結果有如膽小鬼遊戲中，兩位青少年都選擇當勇者，而雙雙死於兩車對撞。

同樣的方法，可以求得只有 K 超市獨家經營，以及只有 C 超市獨家經營的機率。

退出賽局的另一種局面，是兩超市都選擇留下，但可以在一段時間後退出。這種例子中，雙方可能持續競爭好一會兒，隨著時間累積巨額損失。這就是所謂的**消耗戰**，沿用自軍事戰略的術語。在此類賽局中，曠日廢時且互有傷害的鬥爭不斷延續，即使可得的戰果相對於累積的成本來說，根本微不足道。

在努力成為鎮上唯一超市的漫長競爭中，C超市和K超市的驚人虧損不斷累積。

混合策略的批評與辯護

在賽局理論的所有課題中，混合策略納許均衡可能會引發最強烈的情緒。混合策略的支持者認為，在剪刀石頭布和貨幣投機等很多賽局中，並沒有單純策略納許均衡，但確實存在有趣的混合策略納許均衡。他們也指出，在膽小鬼賽局及超市退出之類的賽局中，即使單純策略納許均衡確實存在，但混合策略納許均衡通常最符合直覺，因為充分刻劃了這些環境中的不確定性。

然而，混合策略的批評者認為，隨機化並非對人類行為的合理描述。人們真的在做決定時隨機行事嗎？進一步說，既然參與者在均衡時覺得不同行動毫無區別，那麼出於什麼原因促使他們準確的選擇讓對手也覺得沒有差別的機率？

對混合策略的一個有力辯護，是混合策略納許均衡的「**純化**」解釋。
這是由匈牙利出生的美國經濟學家**夏仙義**所發展出來的觀念，而他也
在 1994 年與納許及德國經濟學家**塞爾頓**共同獲頒諾貝爾經濟學獎。

夏仙義指出，即使參與者選擇單純策略，只要他們不太確定雙方的報
酬，從外界來看他們似乎就是在不同行動間隨機選擇。

我想在上學的路上見到山姆。
但不知道他會搭地鐵或公車？
如果他的袋子很重，他會選地鐵，
反之他會搭公車。然而，我不知道
今天他的袋子重不重，所以他有機
會搭地鐵，也有機會搭公車。因此，
對我來說，他在隨機選擇。

夏仙義精彩的「純化」論點，證明如果參與者不是百分之百確定彼此的報酬，從個人角度來看，對手選擇特定行動的機率，**恰恰就是**我們在混合策略納許均衡中、報酬確定時所得到的機率。

換言之，即使認為人類的決策並非隨機，混合策略納許均衡仍然有其意義。

避稅

參與者在可能的行動之間隨機行事，是混合策略納許均衡的一種解釋。稍微不確定對手的報酬，是第二種解釋。此外還可以用第三種角度解釋，如下面避稅賽局中納稅人與稅務局的策略。

設想有一位必須申報稅額的企業納稅人。簡化起見，假設她有兩個選擇：遵循稅法，或者避稅。同時假設避稅並不會帶來道德成本。

如果稅務局會來稽查，我最好遵循稅法。相反，如果不會被稽查，我就想避稅。

稅務局如果花大成本就可以抓到避稅的人。但如果納稅人沒有避稅，這稽查成本就白花了。

在避稅賽局中，沒有單純策略納許均衡。

如果必然被稽查，人們一定守法。但這不是納許均衡：如果人們必然守法，政府完全沒有必要查稅。

如果確定不會被稽查，人們將會避稅。同樣地這也不會是納許均衡：如果人們避稅，稅務局就寧願查稅。

唯一的均衡是混合策略：納稅人在守法與避稅之間隨機行事，稅務局在稽查與不稽查之間隨機行動。

如果避稅賽局是由眾多公民參與，對混合策略納許均衡的一種有趣解釋，是每個人都選擇單純策略：「守法」或「避稅」，而混合策略納許均衡的機率就是選擇「守法」公民的比率。稅務局知道這個比率，但不知道具體而言誰避了稅。

雖然我沒有避稅，但我被稽查了。
這是因為有人避稅，而從政府的角度
來看，我可能就是那個避稅的人。

重複互動

在 1883 年，法國經濟學家**伯特蘭**（1822-1900）研究了販售相同產品的廠商之間的價格競爭，在他的分析中，廠商面對的誘因問題很類似囚徒困境賽局。

廠商的最佳利益是削價競爭，以搶走整個市場。在均衡時，廠商的利潤不高。如果雙方勾結，訂定高價，彼此就都能賺到可觀利潤。

約瑟‧路易‧弗朗索瓦‧伯特蘭

伯特蘭預測在均衡時廠商之間會彼此削價，類似囚徒困境賽局中的 ｛認罪，認罪｝ 結果。但我們在現實中常常看到廠商彼此勾結並訂定高價。西方民主國家多數立有「反壟斷法」禁止這類**勾結**，以促進競爭。

為了瞭解在囚徒困境之類的處境中，參與者何時會勾結，我們必須跳脫**一次性賽局**，也就是參與者只進行一次後就結束的賽局。轉而考慮更符合現實的**重複互動**，也就是參與者會不斷進行同樣賽局。

如果參與者重複互動，我們能夠在囚徒困境中觀察到合作的均衡嗎？

假設兩位參與者都知道囚徒困境賽局會進行兩次。為了找出重複互動賽局的均衡，我們要先預測*最後*一回合賽局的均衡，然後倒推*第一回合*賽局的均衡。這種推理方式稱為**逆向歸納法**。

賽局終局

在第二回合，參與者知道這是最後一次互動，也就沒有必要嘗試改變未來的結果。因此，最後一局結果就像是一次性囚徒困境：沒人合作。

參與者可以推論，不論第一回合如何，第二回合肯定沒有合作。那麼，從參與者的角度來看，第一回合也跟一次性囚徒困境沒有兩樣。因此，在均衡時兩回合都不會出現合作。

事實上，即使囚徒困境賽局進行多次，只要賽局有個確切的結束回合，我們永遠不會觀察到合作。逆向歸納法從最終回合拆解了整體賽局的結果。

如果沒有確切的最終回合？

以色列裔美國數學家**歐曼**（1930 年生）在 2005 年與謝林一起獲得諾貝爾經濟學獎。他的研究之一是**無限回合**賽局均衡下的合作行為。在無限回合中，逆向歸納法無法從最終局拆解合作情形，因為沒有明確的最終局。

合作要能成為均衡的結果，首要條件是參與者的策略能夠處罰過去的壞行為（不合作）。為了避免以後受罰，參與者可能選擇合作。

在**連續競爭賽局**中，個人的自利可以主導一種持續的合作行為，因為擔心若不合作，未來會受他人處罰。

歐曼

試看在無限回合的囚徒困境賽局中所謂的**冷酷策略**：參與者起初採取合作行動（例如囚徒保持沉默，也可能是室友賽局中的洗碗，或是廠商的勾結高價）。在接下來的賽局中，只要對方合作，我也一直保持合作。但只要對方背叛了（例如囚徒認罪、室友不再洗碗、廠商用低價搶走市場），我就選擇**背叛**。

如果參與者夠有*耐心*（能夠抵擋此刻高報酬的引誘，以獲得未來合作的報酬），參與者在重複囚徒困境中採取冷酷策略，就可以是個納許均衡。在此，對背叛的處罰可以阻止對手不合作。

然而，如果參與者*沒有耐心*，他們可能會即刻背叛，不顧未來的處罰。知道這點後，兩位對手可能一開始就不合作。因此，缺乏耐心的參與者無法在賽局中達到合作的均衡。

在參與者有耐心的情況下，要讓處罰的威脅確實能夠*阻止*背叛，威脅就必須*可信*。冷酷策略未必可信，因為採取處罰的參與者也會因此使自己的報酬減少。因此一旦勾結瓦解，雙方都有誘因**重新協商**，忽略之前的背叛，直接重新再次勾結。然而，如果參與者知道他們很快就能重新協商，一開始的勾結就難以持續。

然而，如果參與者認為重新協商費日耗時，威脅就可能具有實效，可以促成勾結的均衡。

即使賽局不是永遠重複，只要參與者不確定何時終止，合作的均衡就可以延續，因為雙方都認為賽局很有可能繼續。如此一來，背叛之後就會被處罰，所以合作可以維繫。

但是如果賽局很可能在下一局終止，參與者就會投機地背叛，以攫取這一局的高報酬。但對手也明白這一點，所以也不會合作，勾結也就不會成功。

我不知道這份工作還能做多久？所以即使低價會讓對手不爽，我也打算今年大量出清產品。畢竟明年我可能就不在這裡，也就不必承擔後果。

最終局

囚徒困境的實驗

實驗經濟學的開創者之一**塞爾頓**（1994 年與納許、夏仙義共同獲得諾貝爾經濟學獎）曾經設計了一個囚徒困境重複賽局的實驗，參與者必須真的花錢。參與者不確定賽局重複的次數，但他們知道實驗不會超過一定的時間。

實驗結果大致與賽局理論預測相符。只要離賽局結束還早，就經常出現合作的結果。但當時間逐漸過去，接近可能的終局時，參與者就會開始背叛，相互的協調也就瓦解。

演化賽局理論

賽局理論大多是關於人們、廠商和國家如何思考以做出理性決定,並進一步探討參與者與其他理性決策者互動時的決策。

个過,許多行為經濟學家和生物學家,例如英國演化生物學家**史密斯**(1920-2004)和美國演化生物學家**普萊斯**(1922-75),則從另一個角度觀察互動。他們通常認為人類或動物是出於社會或基因制約而從事特定行為,這些行為未必基於理性。

鷹派－鴿派賽局

檢視社會和基因制約觀點的一個有用工具是鷹派－鴿派賽局。史密斯和普萊斯最早將此引進演化生物學領域，作為思考動物行為模式的起點。這個賽局揭示了**演化穩定性**的重要，說明了哪種類型的行為模式更可能在演化中存活。

為簡單說明起見，賽局假設某種動物有兩類型：「**鴿派**」與「**鷹派**」。在競爭*獎勵*（例如*交配機會*或*生存資源*）時，鷹派永遠爭奪，死拼到底。鴿派擺出姿態，卻只是虛晃一招，不戰而退。

鴿派

鷹派

接下來，在支付矩陣中填入反映各種結果的適當數字。在演化生物學中，這些數字象徵各類型動物的**演化適存度**，也就是在*繁衍與生存中的機會*（例如交配或取得資源）。報酬數字愈大，演化適存度愈好。

如果鷹派類型與鴿派類型對峙，鴿派退卻，報酬為零，而鷹派得到的報酬為 20。

如果兩個鴿派類型對峙，牠們各有一半的機會得到報酬，也就是預期報酬為 (20/2) = 10。

如果兩個鷹派類型對峙，便會發生肢體衝突。牠們各有 1/2 機會贏得獎勵，價值為 20。落敗的一方受傷，在演化適存度的代價是 – C。所以每隻動物的預期報酬為

$$20/2 - C/2$$
$$\rightarrow (20 - C) / 2$$

然後，把各種可能結果填入支付矩陣。

B 狼

		鷹派類型	鴿派類型
A 狼	鷹派類型	A:(20 - C)/2 B:(20 - C)/2	A:20, B:0
	鴿派類型	A:0, B:20	A:10, B:10

遇到另一個鷹派類型，我們就會打鬥，而我就有可能受傷。

鷹派－鴿派賽局：低衝突成本

先來觀察衝突成本低於獎勵（20）的鷹派－鴿派賽局，假設 C = 8。

B 狼

		鷹派類型	鴿派類型
A 狼	鷹派類型	A:6, B:6	A:20, B:0
	鴿派類型	A:0, B:20	A:10, B:10

如果由動物理性選擇其行為，鷹派類型行為將是優勢策略。
不管對手怎麼做，採取鷹派行為永遠比較好。

如果動物理性地自行選擇
類型，單一的納許均衡將是各
自採取鷹派類型，導致過度的衝
突。這種賽局類似囚徒困境。

讓我們回到演化賽局理論的一個關鍵，假設動物們並非理性選擇，只是遵循其基因或社會制約。

史密斯

假設一大群動物中，一部份受基因或社會制約採取鷹派行為，另一些則受制約而採取鴿派行為。群體中的動物隨機遭遇彼此。

鴿派類型遇上鷹派的報酬為零，遇上鴿派類型的報酬則為 10。

鷹派類型遇上鷹派的報酬為 6，遇上鴿派類型的報酬則為 20。

當衝突成本小於獎勵價值時，好戰類型一定比較吃香，不管對手是什麼類型。

鷹派－鴿派賽局對物種的演化提出了深刻的洞察。在交配或食物競爭時勝出可以提高繁衍和生存的機會。但衝突的代價，又會降低繁衍和生存的機會。擁有較高演化適存度（報酬較高）的動物，會更能夠生存和繁衍後代。

如果衝突成本較低，鷹派類型的好戰動物比鴿派類型的溫馴動物占優勢。因此，**適者生存法則預測最後整個物種都會是鷹派類型**。

達爾文

演化的力量剔除了所有鴿派類型。但鷹派盛行，則導致了過度衝突，物種間相遇的報酬只有 6。相對地，如果所有動物被制約成只採取鴿派行為，牠們相遇各自的報酬是 10。所以，就整個物種而言，鷹派行為並非最佳選擇。

演化力量未必導致對一物種而言最佳的結果。競爭稀有資源往往意味著個體利益與群體利益互相矛盾。在此情形下，物種會朝極大化個體利益的方向演化，而犧牲群體利益。

群體利益與個體利益之間的張力，不僅存在於行為模式中，也表現於外在特徵。類似的演化力量也會影響外在特徵如何演變，**柯普定律**就是一例。**柯普**（1840-97）是美國古生物學家，他認為物種的體型基本上隨時間而增大。

如果體型較大的大象更容易繁衍後代，大象的體型就會逐漸增大。有時甚至可能變得太大，降低了物種的環境適存度。科學家還發現海洋生物在過去五億年間體型愈來愈大，雖然確切的原因還有爭議。

這種演化過程的一股遏制力，是敵對物種增加，彼此競爭同樣的生態資源。如果物種因體型龐大而變得欠缺效率，最終就會被更有效率的競爭物種淘汰。

然後這種循環可能重複，新的物種也終將面臨個體利益與群體利益的衝突，有可能也逐漸變得欠缺效率。

鷹派－鴿派賽局：高衝突成本

在衝突成本（C）相對較高的例子中，演化過程也更加有趣。假設 C 是 24，資源獎勵仍然是 20。

B 獅子

		鷹派類型	鴿派類型
A 獅子	鷹派類型	A:-2 B:-2	A:20, B:0
	鴿派類型	A:0, B:20	A:10, B:10

在肢體衝突中落敗的代價高昂，因此顯著改變了鷹派類型演化適存度的展望。

假設一開始群體中 p 比率的動物受制約為好戰的鷹派類型，其餘（1 - p）比率被制約為鴿派類型。這個 p 比率最低可能是零（沒有任一個體是鷹派），最高可能是一（整個群體都是鷹派）。

由於鴿派類型從不在遭遇時以高昂代價大打出手，牠的情形大抵與前面低衝突成本的例子相同。但仔細研究預期的演化適存度有其價值。

在隨機遭遇中，鴿派碰上鷹派對手的機率是 p。這種情形下，對手拿到 20 的報酬，而牠只有 0。

但也有（1 – p）的機率碰上鴿派對手，此時雙方不會打鬥，且有同等的機率獲得獎勵，這時牠的預期報酬是 10。

所以，鴿派類型的演化適存度期望值，是遇上不同對手的機率乘以相對應的報酬再加總。

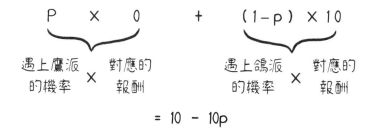

$$P \times 0 + (1-p) \times 10$$

遇上鷹派的機率 × 對應的報酬　　遇上鴿派的機率 × 對應的報酬

$$= 10 - 10p$$

現在看看鷹派的處境：牠會奮不顧身地戰鬥，甚至讓自己身受重傷。

碰上另一個鷹派對手的機率是 p。此時雙方大打出手，衝突的代價如此之高，甚至高過潛在獎勵。這時的預期報酬只有 -2。

有（1 – p）的機率碰上鴿派對手，此時雙方不會衝突。對手退縮，我們的鷹派戰士不必打鬥便攫取了所有演化適存度的獎勵 20。

所以，鷹派類型的演化適存度期望值，仍然是遇上不同對手的機率乘以相對應的報酬再加總。

$$P \times (-2) \quad + \quad (1 - p) \times 20$$

遇上鷹派　　對應的　　　　　遇上鴿派　　對應的
的機率　×　報酬　　　　　　的機率　×　報酬

$$= 20 - 22p$$

如果鷹派獅子的演化適存度大於鴿派，就有更大的機會存活和繁衍。因此，群體中鷹派所占的比率會逐漸增高。

利用前面計算得出的結果，如果鷹派的演化適存度高於鴿派，那麼：

20 – 22p > 10 – 10p

我們可以整理不等式如下：

10 > 12p

→   10/12 > p

→   5/6 > p

如果鷹派比率（p）低於 5/6，鷹派類型遇上另外一個鷹派類型的機會就還在範圍內，不會抵銷遇上鴿派所能獲取的全數利益。因此由於演化力量，鷹派比率（p）會逐漸上升。

然而，如果群體中鷹派比率高於 5/6（也就是 p > 5/6），那麼鴿派類型就會以更快的速率生存與繁衍，群體中的鷹派比率（p）會逐漸下降。

如果群體中鴿派夠多，我的好戰特質就能得利。但如果鷹派太多，我就可能捲入太多打鬥，無法維持我的演化適存度。

長遠來看，演化力量會讓群體中的鷹派類型占比接近 5/6，而鴿派類型接近 1/6。這個具體比率雖然是由我們在支付矩陣設下的特定數字而來，但重點是，當衝突成本高過獎勵的價值時，演化力量會使群體趨向一個鷹派與鴿派共存的結果。

長期下來，鷹派與鴿派會在群體中以 5 : 1 的比例共存，而且平均而言兩者都能過得不錯。鷹派遇上鴿派可以搶走資源，但遇上同樣的鷹派則很可能會嚴重受傷。鴿派遇上鷹派會失去資源，但從不會受傷。

這種鷹派比率等於 5/6 的長期演化「穩定狀態」，稱為**演化穩定均衡**。之所以說是個均衡，因為如果我們把少量受不同制約（鷹派或鴿派）的動物加入群體，演化力量最終會使其回歸均衡。

鷹派

鴿派

一般而言，演化賽局百變多樣。在我們的鷹派－鴿派賽局中，存在唯一的演化穩定均衡，而且不管加入多少不同制約的動物，群體最終都能夠回歸到長期穩定狀態。

但某些賽局可能有不只一個演化穩定均衡。在這些賽局中，如果動物數量變化不大，演化力量可以使群體回歸到均衡的比率。但如果數量大幅變動，演化力量可能將群體帶向另一個不同的均衡比率。

還有某些賽局不存在演化穩定均衡。在這些賽局中，群體數量永遠不會達到一個穩定狀態，而是呈週期變動，不同類型動物的比率永無休止地上上下下。

演化穩定作為均衡的修飾

奇怪的是，鷹派類型的演化穩定比率（5/6），與混合策略納許均衡的均衡機率相等，就如同動物也依循理性決策。這不是巧合。要計算混合策略納許均衡的均衡機率，我們尋求的是參與者對鷹派或鴿派策略感到毫無區別時的機率。在均衡時，兩種策略的預期報酬相等。

在鷹派－鴿派賽局中，演化穩定均衡時的動物類型比率，表示兩種類型的動物此時的適存度期望值相同。如果適存度期望值不同，演化力量會助長某類型且抑制另一類型，從而達到最終的穩定狀態。

在鷹派－鴿派賽局中，演化穩定均衡得出了動物群體中鷹派與鴿派類型的比率。這就類似避稅賽局中混合策略均衡的解釋，也就是在參與者理性決策下，人民中守法者和避稅者的相對比率。

在生物演化的環境中，注意演化穩定均衡是合理作法，這樣可以排除一些只要動物數量稍有變化就無法維繫的均衡。

序列行動賽局

參與者經常可以先觀察他人的行動，然後決定自己的下一步。在某些賽局中，參與者的行動有先後順序，也就是所謂的**序列行動賽局**。大多數桌遊都有輪流交互的序列行動，例如西洋棋。

舉例而言，創業者在考慮是否把咖啡館開在一處特定街角時，她可以觀察附近已經有哪些其他店家，也會考慮未來哪些店可能會開在附近。

序列行動賽局是**動態**的，意味著參與者可以觀察過去並預測未來行動，以做出自己的決定。參與者猜測其他人對其行動可能如何反應，從賽局的末端逆向歸納，從而做出最佳行動。

我知道在這裡開兩家店會把競爭者嚇跑，這就是去年我開了兩家店的原因。

動態的性別較量賽局

創造同步賽局的動態版本，可以讓我們檢視序列賽局引發的問題。性別較量賽局就是個有用的例子。

在標準的性別較量賽局中，鮑伯和艾米獨自且同步決定晚上怎麼過。他們想在一起，但偏好不同活動。還記得同步性別較量賽局原本的策略形式嗎？

鮑伯 (B)

		足球賽	舞蹈課
艾米 (A)	足球賽	A: 5, B: 10	A: 0, B: 0
	舞蹈課	A: 0, B: 0	A: 10, B: 5

現在，稍稍改變這個賽局的敘事。假設艾米早鮑伯一個小時下班，她可以先到約會地點，然後致電鮑伯自己在哪裡。一旦選了之後，她沒法再換地方。但鮑伯還是可以決定自己要去看球還是跳舞。

我是先行者，
我在鮑伯之前
做決定。

擴展形式的賽局

艾米是**先行者**，鮑伯接著選擇前，已經觀察到艾米的選擇。賽局的策略形式不再適用於此，因為無法呈現出選擇的先後順序。我們需要一種新的圖形來代表序列賽局：**擴展形式**的表示法，也稱為**賽局樹**。

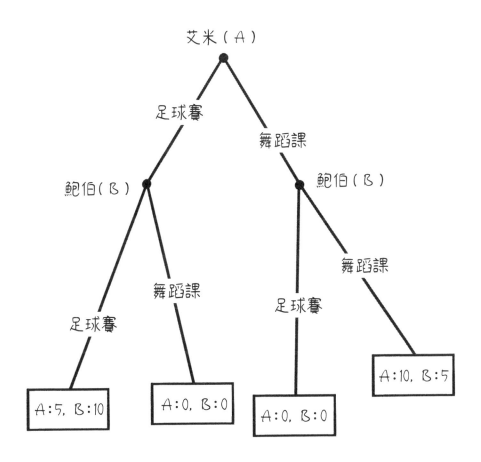

擴展形式的賽局利用**決策點**顯示選擇的順序。每個點代表一次選擇。

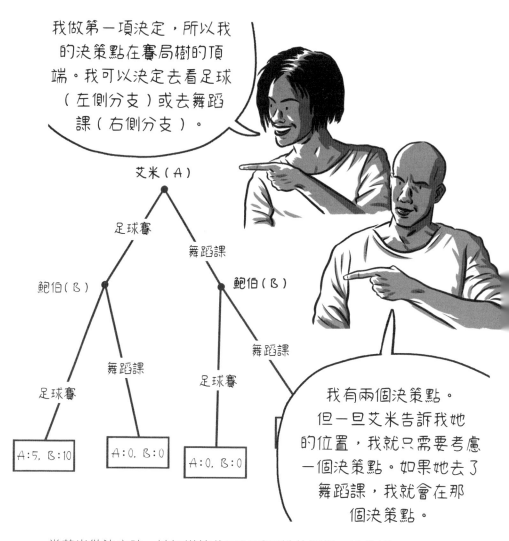

我做第一項決定，所以我的決策點在賽局樹的頂端。我可以決定去看足球（左側分支）或去舞蹈課（右側分支）。

艾米（A）

足球賽

舞蹈課

鮑伯（B）

鮑伯（B）

足球賽

舞蹈課

舞蹈課

足球賽

A:5, B:10

A:0, B:0

A:0, B:0

我有兩個決策點。但一旦艾米告訴我她的位置，我就只需要考慮一個決策點。如果她去了舞蹈課，我就會在那個決策點。

當艾米做決定時，她知道鮑伯可以看到她的選擇，她也知道自己的決定會影響他的選擇，所以她會思考鮑伯會怎樣回應她的兩個不同選擇。

子賽局完全性

如果艾米在足球場致電鮑伯，那麼鮑伯就只需要考慮左側分支的決策點。所以，我們可以把那點以下當作一個賽局考慮，這也就是所謂的**子賽局**。在那點，鮑伯只需考慮之後的最佳行動。

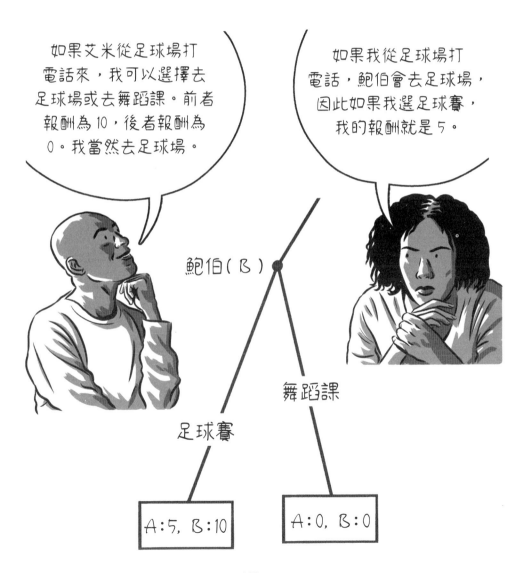

如果艾米從足球場打電話來，我可以選擇去足球場或去舞蹈課。前者報酬為10，後者報酬為0。我當然去足球場。

如果我從足球場打電話，鮑伯會去足球場，因此如果我選足球賽，我的報酬就是5。

鮑伯（B）

舞蹈課

足球賽

A：5, B：10

A：0, B：0

艾米也會考慮如果自己決定去舞蹈課的話，鮑伯的選擇是什麼。如果她從舞蹈工作室打電話，鮑伯的子賽局就完全不同，會是擴展型式的右側分支。

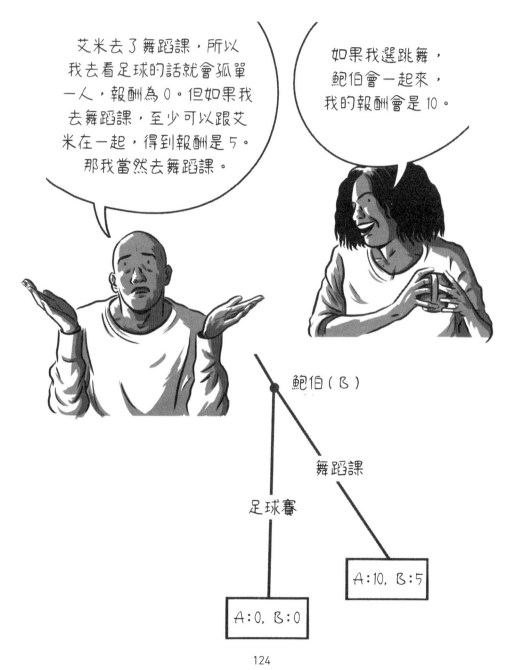

艾米去了舞蹈課，所以我去看足球的話就會孤單一人，報酬為0。但如果我去舞蹈課，至少可以跟艾米在一起，得到報酬是5。那我當然去舞蹈課。

如果我選跳舞，鮑伯會一起來，我的報酬會是10。

鮑伯（B）

足球賽　舞蹈課

A:10, B:5

A:0, B:0

用逆向歸納法就能解決艾米和鮑伯的動態賽局。艾米從賽局末端往回推測，來決定自己的最佳選擇。

艾米選擇跳舞符合理性，因為她知道鮑伯會跟她一起去舞蹈課。這是一個**子賽局完美均衡**：參與者在每個子賽局都能對彼此做出最佳反應。子賽局完全性表示參與者是向前看的。他們在決策點考慮選擇時，不會對已發生的行動心懷怨恨或為其所動。

在這個賽局中，子賽局完美均衡對艾米特別有利，先行者具有優勢。

此賽局具有**先行者優勢**。不過，不是每個序列行動賽局都有這個特性。有些賽局中，在早期階段就投入，反而讓自己陷於不利地位。

125

不可信的威脅

大部分人認為艾米和鮑伯兩人去跳舞的子賽局完美均衡是最可能發生的納許均衡，但那不是唯一的均衡。

例如，鮑伯可以宣稱不管艾米怎麼選，他都要去看足球。如果艾米相信了，那麼她就知道如果去跳舞可能會落得獨自一人。因此，她會選擇去足球賽，因為對她來說和鮑伯在一起無論如何勝過獨自一人。這也是個納許均衡，但前提是艾米相信鮑伯會堅持他的威脅，即使艾米從舞蹈課打電話，他還是會去足球賽。然而，這不符合鮑伯的最佳利益，因此鮑伯的威脅並不可信。

有些納許均衡是基於**不可信的威脅**和**不可信的承諾**，而子賽局完全性排除了那些納許均衡。

126

信用市場

貸款人與借款人的互動，也可以整理成一種序列賽局。這種分析可以幫助瞭解何以某些好方案無法獲得融資。

擴展形式的賽局可以看出貸款申請人（A）與銀行（B）行動的順序與預期報酬數字（單位為百萬英鎊）。為了簡化說明，假設雙方都具備賽局樹的充分資訊，也都明白每個方案的預期報酬。

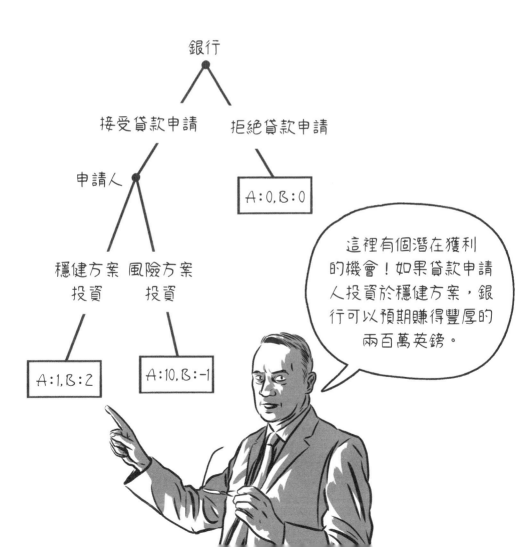

貸款人可以選擇投資穩健方案或風險方案，但前提是銀行同意放款。

銀行希望貸款人投資穩健方案。然而，銀行無法**監督**申請人每一天的商業決策，因此無法確定申請人的投資標的。在子賽局完美納許均衡中，銀行經理拒絕了貸款申請，即使雙方都可以從穩健方案獲利。

我拒絕貸款申請，因為我知道放款後你會投資高風險方案，這樣一來我的預期報酬是紅字。簡單的逆向歸納法！

但這樣一來，我們雙方的報酬都是零！

貸款申請人可能會承諾投資穩健方案，而且她可能是真誠的，畢竟貸款被拒絕就是零報酬，而貸款通過後投資穩健方案卻有一百萬英鎊的報酬。

然而，如果銀行同意放款，貸款人拿到資金後，她會比較投資於穩健和高風險方案的預期報酬，然後選擇高風險方案，違背之前的承諾。這是所謂**時間不一致問題**：決策者發現履行原先的承諾並非最佳選擇。

拒絕放款的子賽局完美納許均衡並非柏雷多效率。如果穩健方案獲得融資，貸款申請人和銀行都可以得到更高報酬。

如果申請人有辦法**可信地承諾**會投資穩健方案呢？即使有機會投資高風險方案，也保證不受誘惑？

金融市場通常以**抵押品**作為**承諾機制**。例如，申請人可用自己的房子作為抵押品。只要失去房子對她而言是財務上或心理上的巨大成本（或兩者皆是），抵押品就改變了高風險方案對她的預期報酬。因此，她會選擇投資穩健方案，而銀行也會同意放款。

如果她投資失敗，在拍賣及扣掉相關費用後，這房子對銀行來說根本不值錢，為何還同意放款給她？

這房子對銀行來說不值錢，但對她價值連城。這是她的家，她不會拿來冒險，因此她會選擇穩健方案。

微型貸款

如果貸款申請人能夠拿出抵押品,以提供投資穩健方案的有效承諾,他們就可以利用信貸市場來為自己的企業融資。然而,欠缺現有資產作為抵押品的貸款申請人,因為*時間不一致的問題*,就會在子賽局完美納許均衡中被拒絕資金申請。

由於難以提供適當的承諾機制,窮人始終貧窮,而富人卻可以更富。窮人因為欠缺利用信貸市場的機會而無法向上流動,也可能導致社會動盪與暴力。

孟加拉經濟學家**尤努斯**(1940 年生)成功解決這個問題,並因此獲得 2006 年諾貝爾和平獎。他創立「平民銀行」,提出**微型信貸**的概念,幫助窮人利用金融市場。

為了讓窮人能夠利用信貸市場，尤努斯解決了欠缺承諾機制的問題。他以**小組**方式提供微型信貸（小額貸款）——也就是放款給一組有相互聯繫的人，而非單一個人。小組裡的人會確保彼此都把錢投入穩健方案中。

這個貧窮的村民無法提供抵押品。如果提供資金給她，如何確保她今晚不會跑去賭場，把錢輸得精光？

我把她的貸款和同村兩個鄰居的貸款綁在一起。如果她無法還錢，那兩人知道我也不會再放款給他們，所以他們會努力確保她妥善使用資金。

核子嚇阻

自第二次世界大戰後，美國與俄羅斯兩大核子強國都採取了基於相互保證毀滅的核子嚇阻戰略。如果某方攻擊，另一方會以壓倒性的武力報復以毀滅入侵者。因此，沒有一方會發動第一擊。

截至目前，並沒有爆發全球核子戰爭，因此核子嚇阻的戰略頗為成功。然而批評者認為人們設想的均衡未必符合子賽局完美均衡，而可能是基於不可信的威脅。倘真如此，麻煩可能還在後頭。

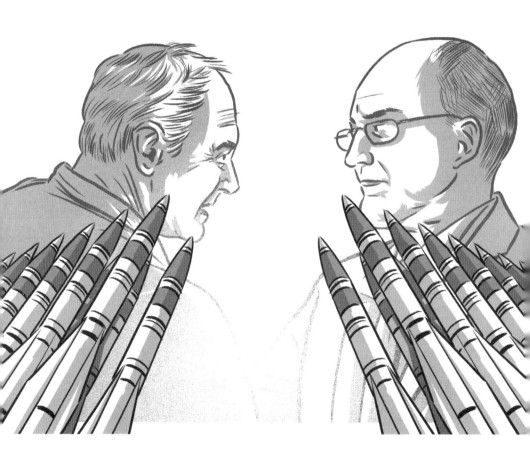

相互保證毀滅的策略是基於以下想法：如果敵人的飛彈對
我國發射，我方決策者會報復以毀滅入侵者。然而，報復
無法改變被鎖定國家的處境，他們的命運因核彈襲來已然
註定。

被攻擊國家的領袖絕對想要復仇。在此情形中，報復是子
賽局裡的最佳選擇。倘若如此，而且敵方也深諳此理，那
麼理想中沒有人發動第一擊的均衡就符合子賽局完美，不
會爆發核子戰爭。

然而，決定是否報復的人可能出於道德考量而不願殺死數百萬平民。畢竟一旦敵方的核彈飛上天，報復也不會有任何收穫。因此，在報復的子賽局中，具有道德胸懷的決策者將選擇不反擊。

如此一來，報復的威脅就不可信了。我們所期待的均衡（不會出現第一擊）就不是子賽局完美。既然對方不會報復，就沒有理由阻止先發制人的進攻。

如果決策者在乎殺死百萬無辜人民的道德負擔，他們要怎麼避免讓自己成為核武攻擊的目標？

潛在的解決之道，是將報復決策**授權**給其他人。這些人或者有強烈復仇動機，或者會出於職責遵循事先安排好的程序，這樣就確保了報復是個可信的威脅。

讓報復的威脅可信的第二種方法，是給予許多人發動大規模反擊的權力。這屬於**擴散**的方法。這樣，如果敵人在考慮進攻時，必須顧及這些人中可能至少一人有復仇的念頭。愈多人有能力發動反擊攻勢，反擊就愈有可能發生。如果對方極為可能報復，就不容易爆發第一擊。

實際上，相關當局的確採行了授權和擴散的辦法，以確保報復可信，進而保證彼此不發動第一擊是個子賽局完美均衡。

好萊塢也曾建議第三個解決方法：將報復決定全自動化，以保證發動反擊。例如電影《奇愛博士》中的「末日裝置」、《戰爭遊戲》中的「戰爭行動計畫反應」，以及《魔鬼終結者》系列電影中的「天網」。

我們不清楚這種作法是否已付諸現實。不過，就像《奇愛博士》所指出的，只有敵方知道末日裝置存在，這種裝置才能產生有效嚇阻。如果裝置派上用場，就表示這方法並未達成目的。因此，沒有理由祕而不宣，反而應該大張旗鼓地宣傳，所以我們可以十分肯定各大超級強國還沒有使用這個方法。

資訊問題

到目前為止我們所討論的擴展形式賽局中，參與者都對賽局樹有充分資訊。當然，現實中參與者往往只擁有**不完全資訊**。他們可能不清楚對手所有可能的策略，也不確定潛在的報酬。參與者可能不確定面對什麼對手，以及對方的動機為何。

某些情況下，參與者對賽局樹只有**不完美資訊**：無法觀察過去的行動，或者只能部分觀察。這表示參與者不確定自己身處的決策點位置。

在生活的各個層面，人們做決定時擁有的資訊或者不完全，或者不完美，或者既不完全也不完美。這對雙方的策略性互動有很大影響，如果一方的資訊勝過對方更是如此。

資訊不對稱

2001 年，三位美國經濟學家**阿克洛夫**（1940 年生）、**史彭斯**（1943 年生）和**史迪格里茲**（1943 年生）共同獲得諾貝爾經濟學獎。他們研究的貢獻在於分析**資訊不對稱**的市場，也就是其中一方比對手更具資訊優勢的市場。

例如，在汽車保險市場中，駕駛人擁有對自己駕駛習慣的*私人資訊*。保險公司只有**不完全資訊**：不知道駕駛人的習慣，因此也就不知道賣給他們保單後的報酬。

公司經理對員工的習慣擁有**不完美資訊**。如果員工在一項工作中沒有進展，經理不知道應該責怪員工，或者相信這確實是難以完成的工作。

如果知道車子可靠，我最高可以出價六千英鎊。但我不確定。所以抱歉，兩千英鎊是我的最後出價。

本來可以用六千英鎊成交然後皆大歡喜的，因為我知道車子確實可靠。但既然我談不到好價錢，我最好別賣了，把它當備用車吧。

資訊不對稱與失業

總體經濟學關注的是大規模的經濟模式與互動。其中研究焦點之一是持續的**失業**：人們願意就業但無法找到工作的現象。

持續的失業是標準經濟分析中的一個謎。如果有人失業，意味著每個工作機會都有許多人申請。既然如此，廠商可以降低工資，也不會找不到足夠人手。工資降低後，營運成本下降，廠商可以雇用更多人。看起來工資終究會下調，直到願意工作的人數與職缺數相符。

諾貝爾獎得主史迪格里茲與美國經濟學家**夏皮羅**（1955 年生）證明，持續失業的原因之一是職場的**隱藏行動**，也就是無法完全掌握員工的行為。

例如一個領固定薪俸的員工既可以認真工作，也可以偷懶卸責，究竟如何，無法完全掌握。一旦被捉到偷懶，他就會被經理開除，但經理無法完全監控他工作的情形，所以偷懶不一定會被捉到。

員工考慮偷懶與否時，會比較成本與效益。效益就是輕鬆的一天，成本則是被捉到的機率乘以被開除的損失。

如果沒有失業的情形，公司提供的薪俸與其他公司相同，都是就業市場供需平衡時的薪水，那麼員工就會嘗試偷懶。

別擔心，我的經理看不出來我在傳訊息給你還是給客戶。而且就算被捉到，還有大量的工作機會等著我。對我來說，損失不大。我就不妨輕鬆點。

如果員工可以輕易找到其他工作，我該如何激勵員工努力工作？

要能夠促使員工努力，公司必須讓員工被捉到偷懶會有所損失。提供比別家公司更高的薪水，就是一種辦法。這種「**效率薪資**」可以在職場上促成更有效率的產出。

然而，效率薪資也有個問題。如果所有的公司都面對同樣的誘因，於是同樣提供較高薪資以提高效率，那麼市場的薪資水平就提高了。更多人會願意在更高薪資下就業，然而工作的數量沒有增加，於是就造成了失業。

如此一來員工將會努力工作，因為一旦丟掉飯碗，可能要花費很長的時間才能找到新工作。

如果老闆捉到我偷懶，我會丟掉飯碗。

我可能因此失業幾個月。

不值得冒這種風險，我最好趕快回去面對工作清單。

我的資訊仍舊不完美，然而高失業率驅動我的員工更有效率地工作。

更多的資訊不對稱

很多時候我們不太確定自己在跟什麼樣的人打交道。這是所謂「**不完全資訊**」賽局，也就是參與者不確定其他參與者的屬性，因此也不確定賽局可能結果的報酬。

這類問題的處理方式通常是設想對方屬於某種「**類型**」，而每一種類型在可能的賽局結果中報酬不同。參與者通常知道自己的類型，但其他人不知道，因此也就形成**資訊不對稱**。

傳遞產品品質訊息

對個別消費者來說，在購買之前很難分辨一件產品的品質，然而生產廠商自己明白產品是否耐用。賣方知道自己的類型（高品質或低品質），但買方無從確定。

消費者所需要的是一種推測品質高低的方法。想當然爾，製造商一定極盡誇耀之能事，因此「老王賣瓜，自賣自誇」的說法無濟於事。

有時候廠商可以提供免費樣品來克服資訊不對稱問題，但這招不是所有產品都行得通。

如果無法直接提供令人信服的資訊，廠商就需要找出一種釋放品質資訊的**信號**。並且信號要有作用，就一定要是高品質廠商可以採行，但低品質廠商無法負擔的行動。

作為傳訊機制的產品保固

就算消費者未必會保存購買證明，產品保固還是可以說服消費者購買，因為保證書本身就釋放出高品質的信號。

消費者可以推論，只有生產可靠產品的公司能夠提供長期的產品保固，因為更換產品的需求不會多。

反之，生產低品質、不可靠產品的廠商難以提供長期保固，否則會不堪產品更換的損失。

在**分離均衡**中，廠商是否提供產品保固取決於產品類型。高品質生產商提供保固，而低品質生產商不提供。透過*自我選擇*，產品保固讓高品質商品得以突出自己的優越。兩個類型產品的不同表現使彼此**分離**了。

作為傳訊機制的廣告

如果廠商賣的是重複購買的產品，例如洗髮精，廣告也可以作為一種品質的信號。這是因為不同品質的商品從廣告中得到的投資回報相距甚大。

在首次購買之前，消費者可能不知道商品的品質。但是只要用過一次，人們就心裡有數了。如果廠商賣的是劣質貨，看到廣告的人可能會買一次，然後就不會再買了。相反地，如果廠商賣的是優質貨，新的消費者會一買再買。

廣告之所以能作為傳遞信號的機制，是基於簡單的成本效益分析。不管品質優劣，打廣告的成本都相同。但優質產品的廣告效益較高，因為新消費者可以成為忠誠顧客。就同樣的廣告開支來說，劣質產品的效益低，因為只能吸引到一次性的消費購買。因此，高額的廣告費用只對販售優質貨的廠商划算。

觀察到昂貴廣告攻勢的消費者或許可以推論，大手筆的廣告意味著廠商有信心培養忠實的顧客，因此人們可以利用廣告作為產品是否優質的信號。

作為傳訊機制的宗教儀式

具備英國、以色列雙重背景的經濟學家**莉薇**（1970 年生）和以色列經濟學家**勞辛**（1969 年生）證明，宗教儀式可以作為信眾的宗教信仰是否真誠的信號。許多宗教鼓勵信徒將靈性信仰與社會行為彼此連結。比起不同宗教信仰的人之間，同一宗教群體的成員通常更容易合作。因此，成為宗教群體的一員既有靈性的效益，也有物質的效益。

但上述情形要成立，群體需要知道彼此的確有共同的信仰作為互動基礎。因為成為團體一員會帶來某些物質利益，非信徒就有誘因假裝為信徒。

為了避免來自非信徒的假信號，宗教團體發展出各種難以遵循的儀式，例如特殊的服裝、公開的禱告、飲食的限制等。因為真信徒在其中得到物質上和精神上的好處，他們會認為這些艱難的儀式是值得的。

勞辛

非信徒只得到團體中的物質利益，因此如果儀式過於繁複，他們會覺得不值得遵守。宗教儀式可以作為信號，讓團體辨別此人是否為真的是信徒。

莉薇

團體決策

截至目前，我們只討論了個別參與者為自己決策的例子。

然而，很多決策往往是由一群參與者集體做出。雖然個別參與者可以對團體決策表示意見，但可能無法讓所有成員對何為最佳行動形成共識。如果各自的首選不被採納，可能就很難針對團體的偏好為何取得共識。

研究團體行為成了賽局理論的難題，即使團體中每個人都是*理性*的，整個團體可能看似*非理性*。

理性的決策者的偏好是**遞移性的偏好**。也就是說，如果一個人喜歡 A 勝過 B，喜歡 B 勝過 C，那麼他一定喜歡 A 勝過 C。（＞符號代表更偏好）

$$A > B，並且 B > C，意味著 A > C$$

然而，即使團體裡的所有成員都是理性的，團體的偏好卻可能是**非遞移性的**。

換句話說，對於團體而言，A ＞ B，並且 B ＞ C，並不一定代表 A ＞ C！

我們可以用閒置土地的例子來說明團體偏好的非遞移性。眼前有三個提案：蓋公園、做資源回收中心、做新學校之用。

委員會的三名成員必須選擇一項提案，每一位委員中意的提案都不同。

	辛格先生	蕾諾小姐	彼得先生
第一選擇	學校	資源回收中心	公園
第二選擇	公園	學校	資源回收中心
第三選擇	資源回收中心	公園	學校

孩子是我們的未來！我們需要一所新學校。

我們必須確保這座星球的未來，因此我們迫切需要蓋個資源回收中心。

大家投票看看哪個方案最多人支持。

委員會每次投票時，比較兩方案而表決。假設每個委員都**真誠投票**，選擇自己屬意的方案。

委員會以 2-1 的票數選出學校，所以就團體而言，他們不會選擇蓋公園。

學校 > 公園

因此唯一需要考慮的是蓋學校或回收中心。

委員會以 2-1 的票數選出資源回收中心。所以就團體而言：

資源回收中心 > 學校

決議產生了，委員會認為學校優於公園，資源回收中心優
於學校。

等一下！我不太明白為什麼我的首選被否決了。我們從沒有針對公園和資源回收中心投票。

別麻煩了！我們已經投票決定資源回收中心優於學校，學校優於公園。這不就說明資源回收中心優於公園？

我同意彼得先生。和資源回收中心相比，我也比較喜歡公園。我們應該就這兩項投票。

在針對資源回收中心與公園的投票中，彼得先生投票給公園（他的首選），蕾諾小姐投票給資源回收中心（她的首選），辛格先生投票給公園（因為他最不想要資源回收中心）。委員會以 2-1 的票數決定公園優於資源回收中心：

公園 > 資源回收中心

委員會中的每個人都有遞移性的偏好，並且真誠投票。但組合成為團體後，委員會的偏好是**非遞移性的**——不管怎麼選擇，團體總認為另一個選項更好。

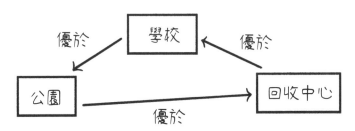

美國經濟學家**亞羅**（1921-2017）因著名的「亞羅不可能定理」的數學證明，在 1972 年獲得諾貝爾經濟學獎。他證明只要團體不是由獨裁者支配，總會產生以下可能：或者團體偏好非遞移，或者團體會拒絕一個對大家都比較好的選項，或者不相干的選項會改變團體的選擇。團體決策時，這些麻煩都是注定產生的問題。

嘗試加總個人表達的
偏好來形成社會的判斷，
永遠會導致矛盾。

亞羅不可能定理讓人們更瞭解委員會或國會中奇怪的行為。例如在委員會的討論中，人們經常看到同樣的議題反覆出現。

讓我們重新對閒置土地的議題投票。

上星期我們已經決定蓋資源回收中心。

他已經瞭解團體的決定會不一致，而其關鍵在於投票的順序。他知道即使什麼也沒變，但這次如果先針對公園和回收中心投票，最終我們會選擇蓋公園為最優選項。

團體決策的方式形形色色：從完全獨裁（一人依據自己的偏好做所有決定）到古典民主（團體內所有成員決策權力平等）──而在兩個極端中間有無限的可能方式。

亞羅不可能定理證明，除了獨裁以外，不管用什麼系統來決定團體的最佳決策，都有可能使團體出現前後矛盾的行為。

我們從何而來……

雖然賽局理論自 1940 年代才逐漸確立在學術研究領域的地位，但其關於合作與衝突的中心主題，卻跟人類歷史一樣悠久。

例如，英國哲學家**霍布斯**（1588-1679）在著作《利維坦》中說：

> 如果缺乏強力的政府，生活會變得難堪、殘酷與短暫。

他的論調本質上就是賽局理論的觀點：沒有一個強力政府確保契約履行，合作就會崩潰，因為每個人都會懷疑別人缺乏道德，最終導致暴力。

> 他知道如果毀諾會遭致報復。這樣一來，他會在我報復之前殺了我。或許我應該現在就殺了他。

> 如果他懷疑我會食言，他可能現在就傷害我。我應該準備好防衛了。

賽局理論般的推理方式,也早就見於柏拉圖的著作。他寫下一段蘇格拉底在德林畝之戰(西元前 424 年)的回憶:

……又將走向何方

賽局理論發展成為一門獨立學科,它提供了廣泛的分析工具,讓人們得以更深入探索衝突與合作。

以往難以處理,甚至無法回答的問題,現在有辦法解決了,例如:

在鷹派－鴿派賽局(頁 101-15)中,如果全球暖化使得物種競爭的資源變得更稀缺,好戰的動物會逐漸增加或減少?

在貨幣投機賽局(頁 71-3)中,較高的匯率會增加或減少發生投機狙擊的機會?

在避稅賽局(頁 87-9)中,如果稅率提高,你被查稅的機率會有什麼改變?

許多賽局理論的數學背景與呈現方式讓初學者覺得難以親近，也因此無法使用這種極有用的工具。所以本書刻意迴避了複雜的數學，而專注於賽局理論的核心概念。

我們討論的賽局中，參與者的選擇都有限。當然，有時候參與者的選項是無限。這種情況下賽局理論的邏輯不變，只是呈現方式會更加數學化。

例如，在公司決定是否打廣告的例子中，簡單的問題只涉及廣告或不廣告何者報酬更高？但在實際上，問題通常是打廣告*到什麼程度*？公司的廣告經費額度有各種可能。

學會本書中使用的工具之後，你終將碰到需要進階知識的時候。或者你可能有興趣學習更多的賽局理論工具。下一步的好選擇是：

書中的例子偏向經濟學，但這些工具可以應用在很多領域。

*此書在美國是由普林斯頓大學出版社出版，書名為《給應用經濟學家的賽局理論》（*Game Theory for Applied Economists*）。

過去七十年間，人們發展出廣泛的賽局理論工具，來分析各種策略思考。確實，這些工具大多數都過度數理化。

不過，你不需要賽局理論的所有工具就能做有用和有趣的分析。就像要做個書架，你不需要動用五金行所有的工具。在面對充滿合作與衝突機會的新環境時，你不需要賽局理論的所有工具才能剖析問題，本書中你所學到的工具已經足夠提供有用的觀點。

關於作者

艾文 · **帕斯丁**（Ivan Pastine）博士在中學和大學時中輟了。他以賽局理論解釋金融危機的著作是哈佛和倫敦政經學院（LSE）博士課程的指定閱讀材料。他曾是水電工、美國海軍的水手長，目前是都柏林大學的教授。

圖瓦娜 · **帕斯丁**（Tuvana Pastine）博士是土耳其經濟學家，目前任教於愛爾蘭的梅努斯大學（Maynooth University）。她的專長是賽局理論應用，並針對許多領域發表論文，例如廣告與價格的動態關係、政治競選資金、教育部門的平權行動、主權違約、移工及國際貿易。

湯姆 · **赫伯司通**（Tom Humberstone）是愛丁堡的漫畫及插畫藝術家，獲獎無數。他曾連續三年每周為《新政治家》（New Statesman）創作政治漫畫。現在仍然持續為《筆尖》（The Nib）、VOX、《衛報》、Vice、映像漫畫（Image Comics）等提供作品。他也瘋狂地收聽大量的播客。

譯名對照表

一次性賽局	one-shot game
子賽局	subgame
子賽局完全性	subgame perfection
子賽局完美納許均衡	subgame-perfect (Nash) equilibrium
不完全資訊	incomplete information
不完美資訊	imperfect information
公有地的悲劇	tragedy of commons
分離均衡	separating equilibrium
反覆消除劣勢策略法	iterative elimination of dominated strategies
反覆推理	iterative reasoning
尤努斯	Muhammad Yunus
巴拿赫空間	Banach space
支付矩陣	payoff matrix
北岩銀行	Northern Rock (bank)
史迪格里茲	Joseph Stiglitz
史密斯	John Maynard Smith
史彭斯	Michael Spence
囚徒困境	prisoners' dilemma
平民銀行	Grameen Bank
弗勒德	Merrill Flood
白搭便車	free-rider
先行者	first mover
先行者優勢	first-mover advantage
同步賽局	simultaneous-move game
有限理性	bounded rationality
自我實現的預期	self-fulfilling expectation
自我選擇	self-selection
伯特蘭	Joseph Louis François Bertrand
冷酷策略	grim strategy
利維坦(書)	Leviathan
序列行動賽局	sequential-move game

投機狙擊	speculative attack
決策點	decision node
亞羅	Kenneth Arrow
亞羅不可能定理	Arrow's Impossibility Theorem
協調失敗	coordination failure
協調機制	coordination device
奇愛博士(電影)	Dr. Strangelove
季伯森	Robert Gibbons
性別較量賽局	Battle of the Sexes
承諾機制	commitment device
金恩	Mervyn King
金融時報	Financial Times
阿克洛夫	George Akerlof
非均衡	out-of-equilibrium
非遞移性	non-transitive
柏拉圖	Plato
柏雷多	Vilfredo Pareto
柏雷多改善	Pareto improvement
柏雷多最適	Pareto efficiency
柯普	Edward Drinker Cope
柯普定律	Cope's rule
洛伊	William Forster Lloyd
重複互動	repeated interaction
夏仙義	John Charles Harsanyi
夏皮羅	Carl Shapiro
效率薪資	efficiency wage
時間不一致問題	time-inconsistency problem
核武競賽	nuclear build-up
消耗戰	war of attrition
真誠投票	sincere voting
納許	John Nash
納許均衡	Nash equilibrium
純化	purification
索羅斯	George Soros
退出賽局	exit game

Education 12

大話題：賽局理論
Introducing Game Theory: A Graphic Guide

作者／艾文‧帕斯丁 (Ivan Pastine)、圖瓦娜‧帕斯丁 (Tuvana Pastine)
繪者／湯姆‧赫伯司通 (Tom Humberstone)
譯者／葉家興
封面設計／陳宛昀
內頁編排／劉孟宗
責任編輯／賴書亞
行銷企畫／陳詩韻
總編輯／賴淑玲
社長／郭重興
發行人／曾大福
出版者／大家出版／遠足文化事業股份有限公司
發行／遠足文化事業股份有限公司
地址／231 新北市新店區民權路 108-2 號 9 樓
客服專線／0800-221-029 傳真／02-2218-8057
郵撥帳號／19504465
戶名／遠足文化事業股份有限公司
法律顧問／華洋國際專利商標事務所 蘇文生律師
初版一刷／2023 年 3 月

ISBN 978-626-7283-03-5（平裝）
ISBN 978-626-7283-06-6（PDF）
ISBN 978-626-7283-07-3（EPUB）
定價／320 元
有著作權‧侵犯必究
本書僅代表作者言論，不代表本公司／出版集團之立場與意見
本書如有缺頁、破損、裝訂錯誤，請寄回更換

國家圖書館出版品預行編目資料

大話題：賽局理論 / Ivan Pastine,
Tuvana Pastine 作；Tom Humberstone
繪；葉家興譯．初版．新北市：大
家出版：遠足文化事業股份有限公
司發行 , 2023.03
172 面；15×21 公分．（Education; 12）
譯自：Introducing game theory : a
graphic guide
ISBN 978-626-7283-03-5(平裝)
1.CST: 博奕論

319.2   112000173

INTRODUCING GAME THEORY: A GRAPHIC
GUIDE
by IVAN PASTINE, TUVANA PASTINE
Copyright © 2017 by ICON BOOKS LTD
This edition arranged with The Marsh
Agency Ltd & Icon Books Ltd.
through Big Apple Agency, Inc., Labuan,
Malaysia.
Traditional Chinese edition copyright:
2023 Common Master Press, an imprint of
Walkers Cultural Enterprise Ltd.
All rights reserved.